Einstein
relativamente
fácil

«Si lo hubiera sabido
habría sido relojero».

Einstein
relativamente fácil

Teodoro Gómez

La guía definitiva para entender a Einstein
y las teorías que cambiaron
nuestra concepción del universo.

Einstein relativamente fácil
© Teodoro Gómez Cordero, 2001

Diseño de cubiertas: Rodolfo Román.
Fotografías de cubierta e interiores: Cordon Press (páginas 26, 73 y 81),
AGE Fotostock (páginas 40 y 59).
Ilustraciones de interior: Miquel Zueras.

© Océano Grupo Editorial, S.A., 2001
Milanesat, 21-23 – Edificio Océano
08017 Barcelona (España)
Tel.: 93 280 20 20* – Fax: 93 203 17 91
www.oceano.com

Derechos exclusivos de edición en español
para todos los países del mundo.

ISBN: 84- 7556-072-5
Depósito Legal: B-26264-XLIV
Impreso en España - Printed in Spain
00172031

Índice

Introducción

La figura de Einstein se ha convertido en un icono del siglo xx, no sólo por sus méritos como científico sino también por su personalidad. Einstein fue un genio muy peculiar que planeó sobre sus descubrimientos del mismo modo en que cualquier otro ve una luz detrás de una cortina y se acerca para descubrir qué se esconde detrás sin descorrerla. Sus teorías y su interés por indagar en los misterios del universo fueron de tal magnitud, que a menudo suele hablarse de él como si se tratase de una mente que hubiese alcanzado una comprensión tan grande e intuitiva de las cosas que la realidad más cotidiana carecería de importancia para ella. Y aunque puede decirse que algo de cierto hay en ello, no es del todo así. Einstein quedó abrumado por la belleza que posee el funcionamiento del universo. La maquinaria invisible, las ecuaciones que explican todos los movimientos de sus engranajes, son de una precisión impresionante. Sin embargo, no por ello dejó de interesarse por cuanto lo rodeaba.

Einstein poseía un sentido común extraordinario. Aunque su época fue violenta y convulsa —no en vano soportó dos guerras mundiales—, en su personalidad apenas conseguiremos encontrar las cenizas de tales catástrofes. Tan sólo mostrará su tristeza ante el recuerdo de su primer hijo, concebido antes del matrimonio y que desapareció sin dejar rastro, o la incomodidad que le supone conjugar su amor por el trabajo y los compromisos de la fama con una vida estable y dedicada a la familia. Einstein se sintió obligado a proponer soluciones para todos los problemas de la humanidad y a relacionarse con todas las personalidades de su tiempo, y es muy probable que en el fondo sólo quisiera un lugar tranquilo donde pensar, un plácido lago en el que navegar y unos cuantos amigos con los que charlar despreocupadamente.

Era una persona absolutamente informal, que vestía a su aire –lo confundieron con un electricista en la fiesta de recepción que se le hizo en Praga en 1911–, no creía en el dinero, y por último no aceptó la presidencia de Israel en 1952 por no considerarse capacitado para tamaña empresa. Para conocerlo a fondo tendríamos que leer las decenas de miles de cartas y textos de todo tipo que dejó escritos, y las de aquellos que lo conocieron, y aún así no conoceríamos al hombre que subyace a la figura.

¿Fue su mujer quien le sugirió la teoría de la relatividad? ¿Fue un tirano en su casa?

Es absurdo buscar el escándalo en un hombre cuya opinión llegó a tener un poder que nunca utilizó para beneficiarse. Ni siquiera quiso escribir una autobiografía hasta el final y no obtuvo gran provecho de ella. A lo largo de la historia de la humanidad pueden hallarse personas del mismo calibre intelectual pero de opuesto calibre moral cuya comparación es, muy a menudo, interesante. Como contrapartida de Einstein podríamos pensar en Alejandro Magno, que a su misma edad puso su inteligencia sobrehumana al servicio de la guerra, diseñó picas de cinco metros para introducirse en las filas enemigas y originó verdaderos ríos de sangre. Einstein adoraba permanecer en una habitación tranquila, escuchar música de Mozart y concentrarse en sus ideas, y seguramente meditaba en calma, mientras se enroscaba los dedos en los rizos largos y despeinados que mostraban su desdén hacia todo tipo de convención social.

Einstein dijo de los militares: «Desprecio a quienes disfrutan desfilando al ritmo de la música en hileras; han obtenido el cerebro por equivocación, porque con la médula espinal habrían tenido bastante». Esta es una de sus pocas afirmaciones intempestivas. Rechazó la nacionalidad alemana por repulsa del militarismo imperante, entró en la Academia de Berlín durante el ascenso del nazismo, y cuando Hitler llegó al poder huyó de un país en el que probablemente lo hubieran asesinado por su ascendencia judía.

La madre de Alejandro Magno quemó viva a su nuera cuando murió su hijo; la madre de Einstein tocaba el piano y le enseñó a tocar el violín. Alejandro fue instruido en la dureza militar, pero también tuvo como maestro a Aristóteles, quien sin duda influyó en sus dotes de estratega, y Einstein se educó en una escuela de la que escapó por sus métodos poco estimulantes y por su odio a la disciplina. Einstein diría años después: «Es necesario que encontremos nuevos valores, porque nuestra sociedad tiene de todo menos sentido común».

Desde luego, no todo el mundo está capacitado para tener su propia visión del mundo, y mucho menos preparado para hacerse preguntas como «¿qué pasaría si nos desplazásemos a la velocidad de la luz?», y contestarlas.

¿Se curva realmente el espacio-tiempo? Desde luego, la Tierra sigue la curvatura provocada por el Sol en esta parte del espacio, y cada planeta sigue las paredes de esa misma curvatura hacia dentro, como si la gravedad no fuese otra cosa que un monstruo hambriento. Por lo demás, cualquier comparación es buena, porque ninguna se aproxima a las fórmulas geométricas y todas se parecen. Los planetas, las estrellas, se deslizan por una superficie que se curva como las paredes de un embudo gigantesco. En realidad, no podemos esperar observar el fenómeno, ya que nuestros cinco sentidos están concebidos para la vida en este planeta, pero tampoco es tan difícil imaginar que el espacio tiene curvas insalvables, como las olas de una marea tumultuosa sobre una roca.

Además de haber contribuido al conocimiento de los átomos, del fotón, de haber aportado la teoría de la relatividad y haber colaborado en el desarrollo de la física cuántica, Einstein fue un sabio al que se pidió consejo sobre los temas más diversos, ya se tratase de política, religión, nacionalismo, sionismo, nazismo, guerra, parapsicología o socialismo. No hay duda de que además de físico fue un gran pensador, tal vez un buen filósofo, y un músico bastante aceptable que dio varios recitales para recaudar fondos destinados a causas humanitarias. También tenía su mal genio a veces, sobre todo cuando los alemanes lo persiguieron por su sionismo. Donó el manuscrito de su primer estudio sobre la relatividad para financiar la guerra; se divorció y dejó atrás una esposa y dos hijos; era afable y atento con todos, e incluso tocaba el violín con los amigos, pero por encima de todo era una persona independiente, solitaria y un tanto extravagante. Sin duda, no le gustaba que lo hicieran cambiar de planes o de modo de vida.

La aventura personal

El padre de la teoría de la relatividad nació el 14 de marzo de 1879 en Ulm, una pequeña ciudad alemana de cien mil habitantes que se halla en la orilla izquierda del Danubio, en una casa –sita en la Bahnhofstrasse, 20– que fue destruida, como casi toda la urbe, durante los bombardeos de la segunda guerra mundial. Aun así, Ulm conserva la catedral gótica con la aguja más alta de Europa: 161 metros.

Aquel mismo año Dostoievski escribió *Los hermanos Karamazov* y Nietzsche la segunda parte de *Humano, demasiado humano* y aún tardaría dos años en visitar la roca del eterno retorno. Edison había descubierto la bombilla eléctrica el año anterior, y la telegrafía y al electromagnetismo estaban en auge, aunque muy pocos sabían de su existencia.

Su padre, Hermann Einstein, un artesano suavo de confesión judía, se había casado con Pauline Koch en 1876, en Ulm, donde abrió una tienda de material eléctrico en la plaza de Münster. Pauline tocaba el piano, adoraba la música y seguramente inculcó a su hijo Albert ese gusto.

Cuando Einstein tenía un año, la familia emigró a Múnich, donde se reunió con el hermano de Hermann, quien tenía una tienda de aparatos eléctricos. Jakob era ingeniero y había desarrollado un generador de corriente eléctrica. La luz empezaba a instalarse en calles y hogares, y Jakob había convencido a su hermano Hermann para que se uniese a él en el negocio de iluminar la ciudad, en pleno proceso desde que en 1882 se celebrara en Múnich la Exposición Internacional de la Electricidad.

En 1885, los Einstein se trasladaron a una gran casa con un enorme jardín, junto a la que tenían el negocio de aparatos eléctricos y la fábrica de electricidad que llegaría a contar con doscientos trabajadores. Múnich por aquel entonces tenía más de trescientos mil habitantes, de los cuales unos seis mil eran judíos.

Albert empezó a hablar con tres años, y con dificultades, por lo que sus padres pensaron que era algo retrasado. Cuando empezó a hablar decía las cosas dos veces y la niñera lo consideraba un poco tonto.

El pequeño Einstein y su hermana Maja, que tenía dos años menos, asistieron desde 1885 a la escuela católica de Sankt Peter, en la que eran los únicos niños judíos. Einstein se convirtió en un buen estudiante tras superar sus problemas de habla. Aprendió a leer y escribir sin dificultad. De hecho, sus notas en las asignaturas de humanidades eran buenas. Aun

La calle de la veleta

En 1922, la ciudad de Ulm concedió a Einstein su propia calle, la Einsteinstrasse. En 1933, en pleno auge del nazismo, el nuevo alcalde la rebautizó con el nombre del filósofo nacionalista alemán Fichte. Einstein sugirió, años después, que la llamaran la calle de la Veleta, para evitar más cambios.

así, muchas de las escuelas actuales para disléxicos lo consideran el gran ejemplo, junto con Leonardo Da Vinci, de dislexia superada, debido a que algunos de los rasgos de su carácter son sintomáticos. Con todo, no hay ningún dictamen médico que certifique que padeciera tal trastorno.

Siempre tuvo algunos problemas por ser judío, y en una ocasión incluso fue perseguido a pedradas por otros niños. Por ello no es extraño que a medida que fuera creciendo se convirtiera en un niño solitario que detestaba los deportes de equipo y prefería los juegos de construcción. Las demostraciones de hombría y los desfiles militares, que proliferaban en Alemania, le parecían detestables. Nietzsche abandonó Alemania por la misma razón pocos años antes, y, como Einstein, renució a su ciudadanía alemana.

El instituto

En 1889, con diez años, ingresó en el Instituto Luitpold, donde se utilizaban los mismos métodos que treinta años antes perturbaron a Nietzsche: una férrea disciplina que chocaba con su carácter libre e independiente. No obstante, se convirtió en un brillante estudiante de matemáticas, física, filosofía e incluso en letras, aunque no le interesaban tanto. Era un estudiante brillante pero tan indisciplinado, que se ganó el reproche de algunos profesores. Uno de ellos le dijo: «Es usted un muchacho inteligente, Einstein, pero tiene un gran defecto: nunca deja que nadie lo aconseje».

Su tío Jakob, el ingeniero, debió de quedarse muy impresionado cuando, después de enseñarle el teorema de Pitágoras, el niño no paró hasta que pudo demostrarlo por su cuenta, y aún no había visto en su vida un libro de matemáticas. Éste fue uno de los hechos más importantes de su vida: empezaba a desvelarse su amor por la geometría. Años antes había descubierto la brújula, y ya estaba predispuesto a dejarse asombrar por el maravilloso y misterioso orden del mundo. La idea de que hay un orden en la naturaleza, y de que podemos comprenderlo, eran fascinantes para Einstein, quien nunca dejó de asociar a Dios, a quien solía llamar en su madurez *el Viejo*, con la existencia del universo. Al fin y al cabo, según su parecer, Dios ha marcado las reglas y nos ha dado la capacidad de descubrirlas, aunque tampoco tiene demasiado interés en intervenir en nuestras vidas. Si no ¿por qué iba a permitir dos guerras mundiales?

Con doce años se produce otro hecho significativo en su vida. Al empezar el curso, cae en sus manos un librito de geometría euclidiana plana para el que parecía predispuesto.

La brújula

Cuando tenía cuatro o cinco años, como recuerda en sus notas autobiográficas, su padre le enseñó una brújula. Einstein descubrió entonces que había cosas que funcionaban movidas por fuerzas invisibles. El hecho de que la aguja se mueva siguiendo la dirección del campo magnético de la Tierra –aunque esto no lo podía comprender entonces– se convirtió en el indicio de algo oculto que debía descubrir. Es posible que en esos momentos se despertara en el niño una curiosidad imparable que se unió a una intuición asombrosa para resolver los problemas más complicados. Un gran visionario se estaba despertando.

Al parecer, probar las proposiciones que no eran demasiado evidentes le parecía un reto apasionante.

Su madre, que procedía de una familia acomodada, gustaba de tocar el piano en sus ratos libres. Pero, por alguna razón, Einstein eligió el violín, y entre los seis y los catorce años, recibió clases de este instrumento. Aunque no tuvo buenos maestros, aquel aprendizaje marcaría el resto de su vida, pues el violín se convirtió en su compañero inseparable. Su afición nació a raíz de las sonatas de Mozart, que descubrió con trece años y lo llevaron a ocuparse del desarrollo de su técnica.

Entre la ceremonia y el rechazo

En el Instituto (*Gymnasium*) Luitpold, en Múnich, la clase de religión era obligatoria. Y siendo judío tuvo que asistir también a clases de religión hebrea. La Biblia y el Talmud se convirtieron en sus pilares espirituales. El judaísmo lo atrajo de tal manera que durante muchos años se negó a comer carne de cerdo, y llegó a criticar a sus padres por no ser más estrictos en la práctica de su religión. Pero muy pronto otros acontecimientos vinieron a perturbar su incipiente religiosidad. En aquella época, como era costumbre entre los judíos, venía a cenar a su casa una vez a la semana un estudiante pobre, un judío ruso llamado Max Talmey, que se interesó por el muchacho y le proporcionó una serie de libros de divulgación científica que le apasionaron. Muy pronto, Einstein se dio cuenta de que la ciencia y la religión se contradecían, y el incipiente físico en que se estaba convirtiendo ganó la batalla. Se puede decir que arrojó por la ventana todas aquellas enseñanzas que consideró sin sentido frente a la ciencia. Max

Talmey recuerda haber tenido largas discusiones con él durante aquellos años. Cuando ya no pudo enseñarle nada en matemáticas empezó con la física y la filosofía.

El niño había pasado de balbucear a los tres años a leer filosofía de alto nivel con trece. Mirando una de las fotos de cuando empezó a hablar se tiene la impresión de que nada le importaba demasiado y de que sería una persona muy pausada. Acaso no tenía nada que decir todavía, o acaso su cerebro se estaba formando aún con la experiencia de la observación, antes de relacionarse con el mundo.

Cuando empezó a pensar en términos científicos, abandonó toda creencia religiosa. Einstein se volvió un pensador libre quien no podía soportar las convenciones sociales que

Büchner y Kant

Se puede decir que Max Talmey, el estudiante pobre que sus padres invitaban a comer un día a la semana, pervirtió al muchacho en materia de religión. Max, que tenía once años más que Einstein, le recomendó *Fuerza y materia*, un libro que le costó en 1855 a Ludwig Büchner el abandono de la enseñanza por sus ideas materialistas. Büchner rechazaba la idea de Dios y de la creación y propugnaba que la conciencia es un estado físico del cerebro producido por la materia en movimiento. Ideas muy fuertes para un muchacho de doce años que leía libros de geometría y de divulgación científica popular. El revulsivo fue tan impactante que, según los recuerdos de su amigo Max, leyó la *Crítica de la razón pura*, de Kant, con sólo trece años pero con suficiente fluidez como para discutir sus principios.

no tenían nada que ver con la verdad de la ciencia. Durante un tiempo perdió toda fe religiosa, convencido de que aquella sarta de mentiras tenía como objetivo engañar y someter a los hombres, y pasó a desconfiar –todavía más– de cualquier autoridad. No cabe duda de que era un muchacho rebelde.

No obstante, necesitaba creer en algo, y entonces apareció el librito de geometría euclidiana, que consideró poco menos que una revelación. Esa tensión que lo obligaba a buscar razones para desertar de sus creencias y que lo sumió en las demostraciones geométricas y en la verdad de la ciencia, lo prepararon para lo que había de venir después, cuando su necesidad de demostrar aquello que no estaba demasiado claro lo llevó a preguntarse cosas que nadie se había preguntado antes.

Adiós al instituto

En 1893, los negocios de su padre y su tío empezaron a tener problemas. La compañía de electrotecnia Einstein & Co. de Múnich llevaba unos años compitiendo con otras empresas nacientes en el campo de la electricidad, cuyos nombres son ahora tan importantes como Siemens, AEG y Brown Bovery, que se disputaban las concesiones de las obras de iluminación de pueblos y ciudades. En 1893 le llegó el turno a Múnich. Después de una dura lucha, el ayuntamiento le hizo el encargo a Schuckert & Co., de Nuremberg, empresa que en 1903 sería absorbida por Siemens. Los Einstein tuvieron que despedir a sus doscientos trabajadores, vendieron la fábrica y en 1894 se trasladaron a Milán.

El dios de Einstein

«A través de la lectura de libros populares de ciencia llegué
a la convicción de que gran parte de las historias de la Biblia
no son ciertas» –escribió Einstein cuando se decidió a contar
su pasado–. Es evidente que no aceptaba la existencia de un
Dios capaz de saltarse las leyes de la física. Cuando se hizo
mayor, reafirmado en su «Dios no juega a los dados», siguió
sin creer que pudiera darse ese capricho.

Como todavía le quedaban algunos cursos para acabar el
bachillerato, los padres de Albert decidieron dejarlo solo en
Múnich hasta que acabara el siguiente curso. Einstein, con
quince años, interno en el instituto, no estaba a gusto en un ambiente en que proliferaban el nacionalismo y el antisemitismo,
y se rebeló contra unos métodos de enseñanza que le parecían
obsoletos. Utilizaba sus conocimientos para hacer preguntas
que los profesores eran incapaces de contestar e indirecta-
mente hacía que los demás les perdiesen el respeto. Su profesor de griego acabó por expulsarlo de la clase antes de la Na-
vidad de 1894. Esto disgustó tanto a Einstein que decidió
abandonar el instituto y, antes de fin de año, tomó un tren hacia Milán para reunirse con sus padres.

Antes de marcharse renunció a la nacionalidad alemana. Su
enfrentamiento contra todo tipo de orden impuesto en un país
que estaban en trance de militarización le hizo tomar la decisión de adoptar la nacionalidad suiza. Dado que era menor de
edad y aunque había conseguido que su padre firmara los papeles necesarios para renunciar a ser alemán, los trámites hi-

cieron que permaneciera varios años como apátrida, algo que a Einstein debió de gustarle.

Sin embargo, no todo fue tan fácil. Einstein no había terminado el bachillerato y no podía entrar en la Escuela Superior. El único lugar donde podía proseguir sus estudios era la Escuela Politécnica de Zúrich, si bien debía aprobar el examen de ingreso.

La estancia en Italia

El período que Einstein pasó en Italia fue uno de los más felices de su vida. Tuvo el tiempo libre necesario para comenzar a hacerse grandes preguntas. Empezó a estudiar las propiedades del éter y la velocidad de la luz, algo innecesario para ingresar en el Politécnico. Su vocación comenzaba a despertarse.

Con su amigo Otto Neustätter cruzó los Apeninos desde Pavía, donde estaba la fábrica de los Einstein, hasta Génova. El trayecto fue muy ameno: olivos, encinas, obras de arte, buenos amigos, y anocheceres y amaneceres de gran belleza. Poco le faltó para convencerse de que todo lo creado por Dios sigue unas leyes ineludibles que están ahí para que los hombres las descubramos. Einstein, que no dejó de estudiar matemáticas durante aquel tiempo, no tenía problemas para comprender que el cuadrado de la hipotenusa de un triángulo rectángulo es igual al cuadrado de los catetos, pero, ¿qué pasaría si un cuerpo se acercara a la velocidad de la luz? La primera pregunta era relativamente fácil de responder y la respuesta la había dado Pitágoras cientos de años antes, pero la segunda era todavía un misterio por descubrir que necesitaba de mucho tiempo libre y mucha libertad de pensamiento

Capacidad de concentración

Muchas personas creen que la creatividad aumenta cuando se está bajo presión. Aunque Einstein reconocía que trabajaba mejor en esas condiciones, tal idea no tiene por qué ser acertada. A pesar de las grandes vicisitudes por las que tuvo que pasar, Einstein era un hombre bastante feliz que gozó siempre de mucha libertad; disfrutaba de las cosas más pequeñas y sentía una gran curiosidad que lo prevenía contra las depresiones. Cuando era niño, si una materia no le gustaba, no acudía a clase. De adulto, siempre llevaba consigo un violín. Muy pronto se hizo famosa su capacidad de concentración. Einstein podía trabajar mentalmente en la calle mientras paseaba. Donde otros seres humanos vislumbramos ideas geniales, que pasan graznando sobre nosotros como extraños pájaros viajeros, Einstein tendía la mano y dejaba que se posasen en su palma para estudiarlas con detenimiento.

La vuelta a los estudios

Einstein residió en Italia durante un año sin comprometerse a nada. Tuvo tiempo para hacerse esas preguntas y mucho más. Sin embargo, su padre volvió a tener problemas con el negocio y le recomendó que empezara los estudios de ingeniería eléctrica cuanto antes. Pero Einstein suspendió el examen de ingreso en la Escuela Politécnica de Zúrich, uno de los centros más prestigiosos de toda Europa.

Sin embargo, hizo tan bien la parte de matemáticas del examen que el propio director de la Politécnica le sugirió que preparara la reválida en un centro especializado y que volviese un año después, cuando hubiese cumplido los dieciocho, la edad correcta del ingreso. Le recomendó la escuela cantonal de Aarau, que seguía unos métodos muy buenos.

La escuela era progresista, y Einstein se encontró a gusto ese año. Se alojó como pensionista en casa de uno de los profesores, Jost Winteler, que tenía siete hijos y era una persona abierta a todo. Su familia mantuvo una relación de por vida con Einstein. Uno de sus hijos, Peter Winteler, se casó más adelante con su hermana Maja, que estudiaba en el seminario para maestras de Aarau y una de las hijas de Jost se casó con Michele Besso, amigo de Einstein hasta su muerte.

En aquel ambiente agradable, Einstein estudiaba, bromeaba con las chicas y tocaba el violín. Por supuesto, le seguían preocupando las grandes cuestiones de la física, pero eso no impidió que tuviera su primera historia de amor con una de las hijas del profesor, Marie Winteler.

Su romance acabó cuando dejó Aarau para volver a Zúrich en 1896. Más tarde no quiso volver a ver a Marie. Se dice que lo perturbaba demasiado y no quería que sus emociones fueran un obstáculo a su amor por la ciencia. ¿Tomó la misma decisión que Kierkegaard y Goethe, renunciando al amor por la razón? Era demasiado joven para establecer este tipo de conclusiones, aunque, más adelante, Einstein siempre puso la ciencia en primer lugar frente a los sentimientos.

Esta vez fue aceptado sin problemas en la Politécnica. Se matriculó en el departamento de profesores de Matemáticas y Ciencias Naturales, pues le atraía ser profesor, como Jost Winteler, una carrera que no exigía demasiados conocimientos, si tenemos en cuenta sus inquietudes. Sus tíos de Génova, a quienes había conocido durante ese año maravilloso, le asignaron una ayuda de cien francos al mes para que estudiara sin tener que trabajar.

Fue en esa época cuando tuvo que decidir entre dedicarse de lleno a la física o a las matemáticas, y eligió la física, ya que se adecuaba más a sus intereses. Einstein se sentía dotado de un instinto que lo capacitaba para encontrar lo esencial en el laberinto de fórmulas. Por su parte, tenía muy claras las preguntas esenciales a las que buscaba respuesta. En la época en que empezó en la Politécnica, el físico alemán William Conrad Röntgen acababa de descubrir los rayos X. Todos los estudiantes estaban fascinados por el invento que permitía ver en el interior del cuerpo humano.

Einstein fue un muchacho irreprimible que se entusiasmaba con las cosas que le gustaban y dejaba de lado las que no le interesaban. En su autobiografía escribió: «me veía en la posición del asno de Buridan, incapaz de decidirse por una de las distintas gavillas de heno. Esto se debía al hecho de que mi intuición no era demasiado fuerte en el campo de las matemáticas. Sin embargo, en física aprendí enseguida a seguir la pista a lo que podía llevarme hasta los principios básicos y a dejar de lado todo lo demás; el cúmulo de cosas que invaden la mente y la alejan de lo esencial».

El asno de Buridan

Jean Buridan fue un filósofo francés del siglo XIV, conocido por la fábula, que no escribió él, de un asno situado a la misma distancia de dos haces de alfalfa exactamente iguales y que murió de hambre por no decidirse por ninguno de ellos. La libertad de elección, cuando no sabemos qué es lo que nos conviene, nos puede llevar a la inacción en todos los sentidos.

En la Politécnica

Einstein dio muestras de su carácter durante el tiempo que estuvo en la Escuela Politécnica de Zúrich. No asistía a las clases que podía evitar, porque se aburría y prefería que un amigo suyo, Marcel Grossmann, le pasase sus apuntes, más cuidadosos y metódicos que los suyos. Estuvo cuatro años en la Escuela de Tecnología, durante los cuales pasó una gran parte en los imprescindibles laboratorios de prácticas, aunque siendo como era un teórico, prefería el lápiz y el papel. Con su profesor, Heinrich Weber, estudió las teorías del electromagnetismo de Maxwell, que fueron una revelación en aquellos momentos y una de las bases para sus futuras teorías.

Era una época de grandes descubrimientos en la física, que un estudiante avanzado y sumamente curioso, como Einstein, aprovechaba al máximo. El único problema es que la disciplina de cualquier tipo lo fastidiaba, y por su carácter tozudo y rebelde prefería estudiar cualquier cosa que no le fuera dictada en clase.

En 1899 solicitó la nacionalidad suiza, y durante un tiempo ahorró todo lo que pudo para pagarse los costos, que abonó cuando le fue otorgada en 1901. Ese mismo año publicó su primer artículo en la revista *Annalen der Physik* (*Anales de Física*), sobre la capilaridad, aunque años después lo despreció como poco importante.

En casa de unos amigos aficionados a la música conoció a Michele Besso, con quien mantendría una larga correspondencia toda su vida. Besso, seis años mayor, le recomendó que leyera a Ernst Mach, lectura que repitió más tarde y que también tuvo una gran influencia en su desarrollo de la teoría de la relatividad. Einstein tuvo alguna amiga en esa época, con la

Albert Einstein con Mileva Maric, su primera esposa.

que salía a practicar la navegación a vela, el único deporte que apreciaba. Algunas veces volvía de madrugada a la casa de la familia que lo acogía, ya que gustaba de acudir a veladas musicales. En cambio, no le agradaban las fiestas organizadas por las asociaciones de estudiantes; por lo general, prefería recluirse en su cuarto a estudiar.

Cuando acabó los estudios se quedó sin la subvención de sus tíos y trató de entrar en la universidad. De los cinco candidatos a la licenciatura, Einstein quedó el penúltimo, y Mileva Maric, la única mujer, no se licenció. Los tres primeros, incluido su amigo Grossmann, encontraron trabajo enseguida pero las referencias de Einstein no eran buenas: no iba a las clases que no le interesaban y no respetaba a los profesores.

Buscó ayuda para conseguir trabajo en universidades alemanas. Lo intentó con el profesor Wilhelm Ostwald, de la Universidad de Leipzig, pero no obtuvo una respuesta inmediata y empezó a preocuparse, hasta el punto de que su padre le escribió también una emotiva carta, en la que le pedía trabajo para su hijo. Ostwald respondió esta vez, pero Einstein no consiguió el puesto de profesor auxiliar que quería.

La ayuda le vino de su amigo Marcel Grossmann, que habló con su padre sobre Einstein, y éste a su vez con su amigo Friedrich Haller, director de la Oficina Helvética de la Propiedad Intelectual, que siempre se ha conocido como la oficina de patentes de Berna. Haller le ofreció un puesto provisional en la oficina. Quizás viera algo en el muchacho, aunque no demasiado, porque lo contrató como oficial de tercera.

Mileva Maric, su amor secreto

Cuando Einstein se matriculó en la Escuela Politécnica, entre los once alumnos de su especialidad sólo había una muchacha, Mileva Maric, hija de refugiados serbios. Pronto hicieron amistad. Debió de ser una alegría para Einstein tener una compañera con la que poder discutir en términos científicos. La relación, sin embargo, dio un gran giro inesperado: en abril de 1901, el año de su licenciatura, dejó a Mileva embarazada. Einstein dejó Zurich para sustituir a un profesor en el Politécnico de Winterthur. Era su primer trabajo como licenciado, un trabajo temporal, y no podía hacerse cargo de la madre y el hijo por venir. Mileva volvió a casa de sus padres, en Hungría, donde nació una niña. A continuación, Einstein encontró otro trabajo temporal como profesor privado en Schaffhausen, donde estuvo cuatro meses. En 1902, por fin, consiguió una plaza en la oficina de patentes de Berna, pero cuando, a finales de ese año, Mileva se reunió con él para casarse, la niña había desaparecido. Nunca se volvió a hablar del tema.

La academia Olimpia

En febrero de 1902 se instaló en Berna y en junio empezó a trabajar en la oficina de patentes como ingeniero experto de tercera clase con un sueldo de 3.500 francos al año. No obstante, se ofreció como profesor de física en sus ratos libres poniendo un anuncio en el *Noticiero de la ciudad de Berna* que rezaba así: «Clases privadas de Matemáticas y Física para estudiantes [...]. Albert Einstein, profesor licenciado por la Escuela Politécnica Helvética, Gerechtigkeitsgasse, 32, primer piso». Su primer alumno fue un rumano llamado Maurice Solovine, estudiante de filosofía con quien desde el primer día descubrió que era mucho más interesante hablar de filosofía que de física. Poco después se les unió Konrad Habicht y bautizaron su grupo como la Academia Olimpia.

Cenaban y luego hablaban de cualquier cosa hasta la madrugada; también leían en voz alta libros de filosofía y los discutían con tal entusiasmo que los vecinos llegaron a quejarse. Fue una etapa importante en la vida de Einstein, ya que le permitió expresar sus ideas por primera vez y discutirlas con amigos inteligentes, experiencia que estimula mucho la propia capacidad para desarrollar argumentos.

Su padre murió el 10 de octubre de 1902. A pesar del dolor, Einstein se concentró aún más en sus estudios, que realizaba en sus ratos libres en la oficina de patentes. Cuando oía que alguien se acercaba escondía sus cosas, como un estudiante travieso que esconde una revista o un tebeo.

En 1903 se casó con Mileva Maric. En 1904 nació su primer hijo oficial, Hans Albert; el segundo, Eduard, no lo tendría hasta 1910. Mientras tanto, Einstein seguía publicando artículos en *Annalen der Physik*. En 1904 había entregado cinco trabajos, los tres últimos sobre termodinámica. Ese año consiguió un puesto fijo en la oficina de patentes y entró a trabajar con él Michele Besso.

Entonces llegó el año en el que su genio se manifestaría plenamente. Como si alguien hubiera enviado desde el futuro a su mente una información decisiva para el desarrollo de la física. En primavera le prometía a su amigo de la Academia Olimpia, Konrad Habitch, cuatro artículos, el primero revolucionario. En realidad eran tres ensayos y su tesis doctoral, aunque ésta no era muy importante.

La aparición del genio

Muchas veces se ha comparado 1905 con el bienio de 1665 y 1666, años en los que Newton empezó sus grandes descubrimientos. Veamos por qué.

El primer artículo de Einstein, recibido en los *Anales de Física* el 18 de marzo, versaba sobre la luz, concretamente sobre el *efecto fotoeléctrico* y los *cuantos* de Planck. Los descubrimientos de Einstein sobre el cuanto, que demostraban que la luz se comportaba como una partícula en ciertas condiciones, no fueron comprobados experimentalmente hasta 1916, y por ello no tuvo apenas resonancia en un primer momento, pero después resultó ser el empujón definitivo que necesitaba la teoría cuántica, por eso Einstein ha sido considerado muchas veces como su verdadero fundador.

El segundo artículo, del 11 de mayo, versaba sobre el movimiento browniano de las partículas en el seno de un líquido, y demostraba la existencia de los átomos, por si alguien dudaba todavía.

El tercer artículo, recibido en los *Anales de Física* el 30 de junio, se titulaba: «Sobre la electrodinámica de los cuerpos en movimiento», y en él se desvelaba la teoría de la relatividad especial, que desvelaba que dos acontecimientos que parecen simultáneos para dos observadores dejan de serlo si uno de los

Mileva Maric

En 1969, Desanka Trbuhovic-Gjuric escribió una biografía de la primera esposa de Einstein titulada en su edición castellana *A la sombra de Einstein. La trágica vida de Mileva Einstein Maric* (Ediciones de la Tempestad, 1992), en la que sugería que Mileva Maric había sido coautora de la teoría de la relatividad. El libro insinúa que fue la única persona que estuvo a su lado cuando Einstein acabó los estudios, que le ayudó con sus conocimientos matemáticos, superiores a los de él, y que le infundió virtudes que no tenía, como espíritu de trabajo, constancia y rigor. Al parecer, era una mujer reservada, que huía de todo reconocimiento y que quedó inmerecidamente a la sombra. Einstein le escribió una vez una carta en la que decía «nuestro trabajo sobre la relatividad» y su ex marido le pasó los intereses del premio Nobel, como si fuera ella quien lo mereciera. En 1983, la revista *Emma* publicó un artículo titulado «La madre de la teoría de la relatividad», en el que Einstein no quedaba muy bien parado y ella se llevaba todos los méritos. Tal afirmación no goza de demasiados partidarios. Hay quien opina que el premio Nobel –concedido por el efecto fotoeléctrico– se lo cedió porque no tenía otra manera de mandarle dinero para su manutención y la de sus hijos en aquellos tiempos de crisis en Alemania. Y la carta en las que habla de «nuestro trabajo» pertenece a 1901, una época en la que ambos creían todavía en el éter.

observadores se mueve con respecto al otro. Einstein llevaba mucho tiempo dándole vueltas a esta idea, había leído mucho y se había dejado influenciar por las ideas de Ernst Mach, físico y filósofo austriaco que había criticado las teorías newtonianas y había propuesto un orden en el universo más complejo que dependía de la influencia de todos los astros.

El artículo fue publicado el 26 de septiembre de 1905. Antes de acabar ese año, Einstein envió un artículo de tres páginas que completaba el de la relatividad y establecía mediante cálculos la equivalencia entre masa y energía, en el que ya figuraba la ecuación $E=mc^2$.

Max Planck, que colaboraba con la revista, fue el primero en estudiar a fondo los artículos de Einstein. No le gustó el que trataba sobre el modelo cuántico, que él mismo había creado y olvidado hacía cinco años, pero le encantó la teoría de la relatividad, y así se lo hizo saber a Einstein seis meses después. También se encargó de difundir la teoría entre sus amigos y conocidos.

En 1907, el *Anuario de la Radiactividad y la Electrónica* solicitó a Einstein un artículo resumen de la teoría de la relatividad. El ensayo se tituló «Sobre el principio de la relatividad y las conclusiones que de él se derivan». La conclusión era la famosa ecuación $E=mc^2$, que a partir de aquel momento fue conocida por todo el mundo.

El ayudante de Planck, Max von Laue, que sería premio Nobel en 1914 por su descubrimiento de la difracción de los rayos X, fue a buscar a Einstein a la oficina de patentes en el verano de 1906 para conocerlo. Apenas podía creer que aquel empleado de aspecto descuidado fuera el creador de la teoría de la relatividad y pasó una vez a su lado sin decirle nada. En aquella época, las convenciones sociales eran muy importantes y la elegancia algo casi fundamental, pero una vez reconocido, Einstein era admirado inmediatamente por su siempre desbordante inteligencia, su claridad al explicar las cosas y su simpatía.

En 1906 fue ascendido a experto de segunda clase en la oficina de patentes con un sueldo de 4.500 francos. Esta situación sorprendió a más de un físico que esperaba que el hombre que había revolucionado la física trabajase en una universidad o en un importante laboratorio. Pero Einstein, que no dejaba de investigar y publicar –escribió veinticinco artículos mientras estaba en la oficina de patentes– seguía revisando los descubrimientos técnicos de otros, y cuando su jefe se daba la vuelta, sacaba del cajón sus propios papeles y confirmaba con su labor especulativa. Más tarde lo consideró una época feliz de su vida, algo bastante común en quienes han alcanzado la fama cuando se refieren al período en que aún eran poco conocidos.

El congreso de Salzburgo

Cansado de su trabajo en la oficina de patentes, en 1908 envió el artículo sobre la relatividad a la Universidad de Berna para solicitar un puesto de trabajo, pero que fue rechazado por incomprensible. Sin embargo, fue aceptado como profesor auxiliar, un cargo denominado *Privatdozent* en ese mismo centro. El cargo no era demasiado importante: la única remuneración que percibía procedía de las cuotas que pagaban los estudiantes por asistir a clase, de modo que la asignatura impartida tenía que ser interesante y el profesor bueno. En su caso no se daban estas premisas. Apenas ganaba dinero y perdía unas horas preciosas, y para colmo no era demasiado bien visto entre los demás profesores.

Cada vez más físicos aceptaban las teorías de Einstein. Uno de los más destacables, el astrónomo germano-ruso Hermann Minkowski, de la Universidad de Gotinga, que no tenía a Einstein muy bien considerado, recibió con entusiasmo la teoría de la relatividad y no tardó en defenderla. En el Congreso anual de Científicos y Físicos alemanes celebrado en 1908 declaró: «A partir de ahora, el espacio y el tiempo en sí mismos están llamados a hundirse en la oscuridad».

Einstein fue invitado al Congreso de 1909, celebrado en septiembre en Salzburgo. Su conferencia se titulaba «El desarrollo de nuestro concepto de la naturaleza y la constitución de la radiación», que versaba sobre la naturaleza a la vez cor-

Einstein y la música

Einstein no sólo hablaba de ciencia con los científicos que lo visitaban. Por lo menos estamos seguros de que también hablaban de música, y apenas conocía a alguno que supiera tocar le proponía interpretar alguna pieza a dúo. En aquella época no era raro que las personas bien educadas supieran tocar algún instrumento. Max Planck, el descubridor de los cuantos, sabía componer, cantaba y tocaba el piano mucho mejor que Einstein el violín, y en su casa se organizaban veladas musicales. Para Einstein, la música era un placer y una diversión, y no era extraño que se levantase de madrugada a tocar mientras pensaba. Cuando reconocía que desafinaba, lo hacía a carcajadas, algo muy peculiar en él.

puscular y ondulatoria de la luz. No fue muy bien comprendido entonces, pero lo más importante de ese primer congreso al que asistió fue que tuvo ocasión de conocer a muchos de los mejores científicos del país y del mundo, con algunos de los cuales mantendría una correspondencia habitual desde entonces.

Poco antes, ese mismo año, se había producido un hecho curioso que lo llevó a la plaza de profesor adjunto de física teórica en la Universidad de Zúrich. Un amigo suyo, Friedrich Adler, tenía más posibilidades de conseguir la plaza, y sin embargo, la rechazó alegando que los conocimientos de Einstein eran muy superiores a los suyos.

Después de estar siete años en la oficina de patentes en compañía de Michele Besso, en la que pasó, según él, muy buenos ratos investigando, Einstein dejó la oficina en octubre de 1909 y empezó una nueva vida como profesor.

En 1910 nació su segundo hijo, Eduard. Sus relaciones con Mileva, después de muchos años de felicidad, empeoraron. Su esposa soportaba mal la creciente fama y sus abundantes amistades, que llenaban de humo su casa hasta la madrugada.

Praga

En 1911 le ofrecieron el puesto de profesor titular en la Universidad Alemana de Praga. Einstein había pasado dos agradables años en Zúrich, con sus amigos, mientras se extendía la noticia de sus descubrimientos. El puesto de Praga era un honor y aceptó encantado. Tuvo un pequeño problema con la documentación, pues al rellenar el apartado destinado a la religión escribió «ninguna». Luego supo que el emperador Francisco José no aceptaba profesores que no practicasen ninguna religión, así que tuvo que declararse judío para ser aceptado en el puesto.

En Praga alemanes y checos vivían de espaldas. Los alemanes se sentían de alguna manera perseguidos y hacían grandes esfuerzos para conservar su identidad. La Universidad Alemana estaba dirigida a la elite de la ciudad, y hacía algunos años que se había separado de la Universidad Checa por conflictos raciales. Por supuesto, Einstein no se mostró comprensivo con el nacionalismo alemán, y esto le resultó perjudicial con respecto a los demás profesores. Como alemán tampoco caía bien al pueblo llano checo. No estar en ningún bando era desagradable, pero le permitía encerrarse en su despacho sin ser molestado. Por otro lado, la comunidad judía de Praga era muy importante e influyente y pronto hizo intentos por atraerlo a su causa. Más tarde, esa comunidad se convertiría en el punto de mira de los nazis y sería prácticamente destruida.

Quienes visiten Praga pueden localizar su vivienda en Lesnická ulice, 7, y visitar el departamento de Física Teórica de la universidad o el Clementinum, donde también daba clases a una decena de alumnos poco interesados en el tema. Desde los cuatro ventanales de su despacho se veía el patio de un manicomio. Tardó algún tiempo en enterarse, sorprendido de que por la mañana sólo pasearan mujeres y por la tarde sólo hombres, sumidos siempre en profundas meditaciones o agrias discusiones. Einstein opinó una vez que esos eran los locos que no se dedicaban a la mecánica cuántica.

Presionado por la comunidad judía, que lo quería para su causa, Einstein, que antes había sido seguidor de Schopenhauer, se declaró discípulo de Spinoza. Consideraba, como el filósofo judío que vivió en Holanda en el siglo XVII, que Dios estaba en el orden de la propia naturaleza. Spinoza había sido excomulgado en 1656 por los miembros de su propia confesión, por poner en duda su interpretación de la Biblia.

Einstein hacía amigos con facilidad por su carácter abierto. Apenas llegó a Praga, conoció al físico vienés Paul Ehrenfest, con quien acabó interpretando uno de sus dúos musicales. En la fiesta de bienvenida que se le dio en la universidad, Einstein fue confundido con un electricista por su manera sencilla de vestir en una sociedad que le daba mucha importancia al aspecto.

A tenor de sus comentarios, resulta fácil imaginar a un Einstein sonriente en su laboratorio, ajeno a un mundo demasiado complicado, dividido en alemanes, judíos y checos que trataban de defender sus pequeñas o grandes parcelas de la realidad y que con el paso del tiempo acabarían por declararse la guerra. Einstein miraba desde su ventana el manicomio y relacionaba las vidas de aquellos hombres ajenos a todo con la relatividad de la vida, del espacio y del tiempo. Pensaba en la aceleración, la relatividad del tiempo o la curvatura de la luz. Paseaba con un abrigo viejo agujereado sin darle importancia en un ambiente de extremado refinamiento, pero a quien fuera su amigo no debía importarle; siempre los encontró, y buenos. En el año y medio que estuvo en Praga intimó con Paul Ehrenfest, Philipp Frank, Max Brod, Moritz Winternitz y Wilhelm Klein. No hay duda de que tenía cierto encanto y de que su genio atraía a los demás.

En 1911 publicó un interesante artículo basado en la relatividad. Calculó la desviación de un rayo de luz que pasara junto al Sol y se equivocó en los cálculos; las ideas eran buenas, pero el sinfín de números necesarios lo hacían equivocarse a menudo. No cabe duda de que era un hombre de ideas, y siempre había tenido fama de ser un poco torpe con las matemáticas. Esto le puede pasar a cualquiera. Para eso están los metódicos calculadores, que repasan una y mil veces las operaciones hasta asegurarse de que no existe ningún error. Einstein, como Mozart, tenía el don de percibir la armonía del universo. Describirla era otra cosa.

Un año y medio después, cuando se marchó de Praga, Einstein quiso dejar el cargo a Ehrenfest, pero éste se negó a declararse judío en lugar de no confeso, porque en el imperio austrohúngaro estaba prohibido el matrimonio entre judíos y cristianos, y su esposa era protestante.

Spinoza (1632-1677)

El filósofo holandés Baruch de Spinoza, judío de origen portugués, tuvo la suficiente influencia sobre Einstein como para que le dediquemos un pequeño apartado. Expulsado por sus ideas de la sinagoga de Amsterdam donde fue educado, vivió pobremente de su trabajo de relojero y de la ayuda de mecenas ocasionales, retirado de toda confesión y de la universidad voluntariamente. Inspirado en Descartes, creía que todo lo creado era necesario y no había nada arbitrario en la naturaleza. Ni los milagros ni la creación espontánea tenían sentido. «Dios o la naturaleza», había dicho. Todo es racional y todo está unido, cuerpo y alma, religión y filosofía. Todos los acontecimientos son racionalmente explicables y todos brotan de Dios. No es extraño que durante toda su vida Einstein negara la incertidumbre de la mecánica cuántica.

Su carácter

Las personas cambian, los hombres se vuelven más o menos tolerantes con los años, aunque no se puede establecer un patrón para nadie, pero siempre permanece algo inconfundible, y Einstein era un hombre de gran personalidad. Quienes lo conocieron cuando tenía treinta años, cuando empezaba a ser famoso y sus opiniones no eran todavía tan importantes como para que cada una de sus frases fuera grabada en el mármol de la historia, fueron unánimes a la hora de alabar su sencillez y simpatía.

El mundo militar

Einstein consideraba que en muchas ocasiones la humanidad actúa como un rebaño y que su peor producto son los militares. a los que detestaba profundamente. Cuando era niño no soportaba los desfiles que tanto gustaban en Múnich, y la militarización de Alemania lo llevó a renunciar a su nacionalidad con sólo dieciséis años. De adulto, le siguió pareciendo despreciable que un hombre disfrutara desfilando a los compases de una banda. Una de las pocas críticas que se le conocen se refieren a ese soldado: «Le habrán dado su gran cerebro sólo por error; le habría bastado con la médula espinal desprotegida». Odiaba el heroísmo, el patriotismo, los ejércitos, y es probable que hubiese preferido morir antes que verse obligado a obedecer ciegamente los caprichos de otro hombre sólo porque tuviera un par de galones en la manga. Einstein siempre obedeció sus propios impulsos naturales y rechazó cualquier coacción, por pequeña que fuese.

Einstein era una persona muy amigable, que causaba muy buena impresión, pero se resistía a entregar su corazón, y a medida que se lo conocía y se quería indagar en su forma de ser se mostraba más cerrado. Esto no tiene nada de extraño en un personaje a quien todo el mundo desea conocer. Todos sus compañeros de trabajo querían que fuese a su casa de visita, pero Einstein era poco amigo de los convencionalismos. Aunque odiaba las visitas formales, muchas anécdotas narran su afición por las entrevistas espontáneas para conocer a un músico cuyo violín oía desde su ventana, visitar los gatos de un conocido... Como si su presencia se agradeciese simplemente porque era agradable tenerlo en casa.

Es posible que atravesase períodos de concentración durante los que no quisiese ver a nadie, pero esto es una suposición. Lo cierto es que, cuando consiguió liberarse del trabajo en la oficina de patentes y ya no tuvo necesidad de dar clases porque sus descubrimientos le permitían dedicarse de lleno a la investigación, atravesó un largo período de felicidad.

En esas condiciones de libertad es como una persona puede mostrar su lado positivo. Einstein era amigo de las bromas y de los chistes, tenía una risa encantadora y fuerte, era tan sencillo –o poco refinado–, se dice, que hablaba con un rector de universidad de la misma forma que con un panadero. También hubo quien dijo que aprovechaba el poder que le daba la fama para comportarse a su aire, y que más de uno se mordía la lengua. Einstein era el tipo de persona que podía asistir a una recepción vestido de cualquier manera, y no por ello dejaba de ser admirado.

En cierta ocasión se apasionó leyendo un libro titulado *Constitución y carácter*, escrito en 1921 por el psiquiatra alemán Ernst Kretschmer, que relacionaba la estructura corporal con las características mentales del individuo. Una parte del libro estaba dedicada al carácter y comportamiento de los genios. Decía de ellos que tenían una enorme sensibilidad que habían transformado en indiferencia por voluntad propia, que eran desconfiados, que tenían una propensión al ascetismo y que permanecían separados del mundo exterior por un cristal invisible.

Einstein tenía una enorme paciencia, y cuesta explicarse por qué se acabó separando de su primera esposa, Mileva. Aunque ella era de carácter hosco y de pocas palabras, lo ayudó en sus primeros días como compañera de estudios, y tuvieron dos hijos. Ciertas habladurías concedieron a Mileva alguna importancia en el desarrollo de la teoría de la relatividad. Su hijo mayor, Hans Albert Einstein, dijo de ella que necesitaba el amor y el cariño que su padre no le daba. Hans tuvo algunos enfrentamientos con él, porque éste, al contrario que en sus problemas con la física, que no cesaba hasta resolverlos, solía huir de los problemas emocionales —sobre todo cuando se enfadaba— y refugiarse en el trabajo. Mileva había sufrido demasiado y Einstein estaba demasiado enfrascado en sus estudios. También cuesta imaginar cómo una persona puede asumir la importancia que se le concedió a Einstein sin sentirse por encima de los demás seres humanos. Si no conocía la vanidad, como dicen quienes lo trataron, tal vez tenía que hacer un esfuerzo muy grande para ponerse a la altura de quienes lo rodeaban, o tal vez no le costaba nada y eran quienes lo engrandecían los que causaban problemas. Sea como fuere, Einstein era como esas estrellas que brillan con una luz intensa en el interior de nebulosas poco relevantes. Si eso no convierte a cualquiera en una persona solitaria, pocas cosas pueden hacerlo.

Los congresos Solvay

En 1911 Einstein dio otro paso importante para su consagración como el físico más importante del siglo xx, y no por ningún descubrimiento en particular, que los seguía haciendo, sino por su asistencia al primer Congreso Solvay en Bruselas, promovido por el empresario belga Ernest Solvay.

Einstein en 1921. En aquella época ya era un físico de renombre cuyas teorías lo habían hecho merecedor del premio Nobel.

El congreso reunió a los mejores físicos del mundo en un ambiente idóneo para que pudieran discutir los progresos habidos en una ciencia que estaba en pleno auge. Rodeados de comodidades, una veintena de especialistas se fotografió junta y celebró numerosas mesas redondas durante los primeros cuatro días de noviembre.

Se encargó de la organización el físico alemán Walter Nernst, que sería Premio Nobel de Química en 1920 por su formulación de la tercera ley de la termodinámica. Presidía las reuniones Hendrik Lorenz, que había sido Premio Nobel en 1902 por su teoría de la radiación electromagnética, la cual sirvió de base para algunas de las ideas relacionadas con la teoría de la relatividad. Entre otros físicos conocidos, estaban en las conferencias Madame Curie, De Broglie, Planck, Wien, Rutherford y Bohr, quienes formaban el mayor grupo de premios Nobel que se ha reunido nunca.

El congreso duró cinco días, y el hecho de poner en contacto a estos grandes hombres garantizó su posterior colaboración. Se le dio cierto impulso a la teoría de los cuantos, bien acogida por los jóvenes, y a la relatividad, y Einstein recibió el apoyo de Madame Curie y de Henri Poincaré, hombre muy influyente en aquellos momentos. Suficiente para que Einstein, que en esos momentos sólo pensaba en el tema de la gravedad, se convirtiera en un hombre muy solicitado. Lo llamaron desde las universidades de Utrecht, Leiden, Viena y Zúrich.

Durante su asistencia al primer Congreso Solvay, Einstein tuvo la oportunidad de conocer a los reyes de Bélgica, Alberto e Isabel, quienes lo invitaron a una comida informal en la que trabó amistad con ellos. A lo largo de su vida no dejó de visitarlos siempre que tuvo ocasión, y dado que la reina Isabel también era aficionada a la música no era extraño que tocasen juntos.

Después del congreso volvió a Praga y a su despacho. Trabajaba muchas horas y asistía a numerosas reuniones. Mileva estaba casi siempre sola. Los martes por la noche acudía a tertulia de filosofía, donde se leía y comentaba a Kant. A estas reuniones asistía a veces el escritor Franz Kafka, aunque con quien hizo amistad fue con el amigo de éste, el también escritor Max Brod, quien interpretó alguna sonata con Einstein.

Vuelta a Zúrich

En 1911 Einstein rechazó las ofertas de las universidades de Utrech y Leiden y aceptó la cátedra de Física teórica creada para él en el Politécnico de Zúrich, que ahora se llamaba Universidad Politécnica Helvética. Allí los Einstein se sentirían como en su casa.

Einstein buscaba entonces las ecuaciones que definían la relación entre los distintos sistemas de referencia en el espaciotiempo con el objetivo de demostrar la idea de que la gravedad era una cuestión de geometría y no de fuerza. Con el fin de superar sus dificultades con los cálculos, buscó la ayuda de su compañero de estudios Marcel Grossmann, que ahora era profesor de matemáticas en el Politécnico.

Mientras tanto, en la Academia Prusiana de las Ciencias, situada en Berlín, se producían cambios. Max Planck fue nombrado secretario permanente y se propuso a toda costa, junto con Walter Nernst, atraer a Einstein a Berlín. Después de toda clase de arreglos, le ofrecieron en 1913 el puesto de catedrático con plena libertad para investigar o dar clases y, además, recibiría un buen sueldo. Einstein no pudo rechazar la oferta.

Aquella fue una época muy intensa. Además de la fascinación que ejercían sobre él tantos reconocimientos, hacía tiempo que se sentía atraído por su prima Elsa, que vivía en Ber-

La correspondencia con Michele Besso

Cuando Einstein contaba con diecisiete años, conoció a Michele Besso, de veintitrés, en el transcurso de una velada musical en Zúrich, y se hicieron amigos. Desde ese momento, y siempre que estuvieron separados, no dejaron de escribirse hasta la muerte de ambos en 1955. En general, en casi todas las cartas debatían temas científicos a los que se añadían cuestiones de todo tipo: los viajes de Einstein, historia, religión, filosofía, la salud, la familia, y Mileva y sus hijos mientras residieron en Zúrich, cerca de Michele. Casi siempre aparecen ecuaciones matemáticas en las cartas de Einstein. Curiosamente, apenas hablan de la guerra, como si no tuviera importancia, aunque sí que opinan sobre la Sociedad de Naciones, el patrón oro, la división del trabajo, el salario mínimo o la manera de resolver los problemas de la humanidad. Por sus cartas, sabemos que Einstein era partidario de un gobierno mundial, aunque también era consciente de la incapacidad de los políticos para llevarlo a cabo: «Si ves alguna vez mi nombre mezclado en asuntos políticos, no creas que consagro mucho tiempo a tales cuestiones, pues sería triste malgastar las fuerzas de uno en el suelo árido de la política. Pero a veces [tengo que hacerlo] cuando se trata de explicar al público la necesidad de crear un gobierno mundial, sin el cual toda nuestra orgullosa superioridad desaparecerá en pocos años» (Princeton, 21 de abril de 1946).

lín. Elsa le pedía que se divorciara y Einstein le escribía cartas de amor. Ya no soportaba la compañía de su mujer, Mileva, que cada vez se adaptaba menos a sus costumbres. Dormían en habitaciones separadas, y ella estaba siempre deprimida, se sentía perseguida y le horrorizaba la idea de ir a Berlín. Cuando Einstein se refería a ella en las cartas, escribía una cruz.

En 1913 publicó, junto con Grossmann, el artículo «Esbozo de una teoría de la relatividad generalizada y una teoría de la gravitación», primer paso para la teoría de la relatividad general. Pasó el verano en los Alpes italianos, de excursión, con su familia y con Madame Curie y sus hijas. En septiembre estaba en un congreso de científicos en Viena, en el que conoció a Max Born, otro de sus grandes amigos, quien recibiría el premio Nobel bastantes años más tarde, en 1954, por sus estudios sobre el comportamiento de las partículas subatómicas. Einstein tuvo suerte, pues en ese congreso presentó una ponencia sobre la gravitación que podía comprobarse experimentalmente en el eclipse de Sol de 1914. Sin embargo, sus cálculos estaban equivocados. No obstante, a causa de la guerra, nadie pudo dedicarse a revisarlos.

En 1914 se trasladó a Berlín. En esa época todavía no se había demostrado que sus teorías fueran ciertas, y el mismo Planck dudaba de su teoría de los cuantos, pero Einstein daba la impresión de ser un genio cuando mostraba sus ideas, y seducía a los cerebros más capacitados del mundo con sus planteamientos. Resulta asombroso que una persona joven, con poco más de treinta años, que no podía permanecer mucho tiempo en ningún sitio, siguiera teniendo la capacidad de aislarse interiormente y seguir adelante con sus investigaciones, en plena vorágine de admiradores, con reuniones casi diarias para hablar de física por las tardes. Pero Einstein era así: tenía la capacidad de concentrarse con facilidad en cualquier circunstancia.

El trabajo, las amistades y los viajes echaron a perder su matrimonio. En julio de 1914, cuando se acabaron los colegios, Michele Besso vino de Suiza para llevarse a Mileva y los dos niños a Zúrich; mientras Einstein permanecería en Berlín. Se dice que ésta es la segunda vez que lloró en su vida adulta, después de la muerte de su padre, y que no lo haría nunca más.

La primera guerra mundial

En 1914 estalló la primera guerra mundial. Einstein procuró situarse al margen de los acontecimientos e hizo valer su nacionalidad suiza en Berlín, mientras otros científicos se veían obligados a colaborar con el régimen militarista alemán, que les exigía su apoyo. Probablemente, en esta época fue cuando se desarrollaron con más intensidad sus tendencias pacifistas, asombrado por el manicomio en que se había convertido la humanidad.

A finales de 1914 estaba estudiando la estructura del átomo, pero ese camino estaba reservado al físico danés Niels Bohr, quien empezaba a destacar en Copenhague. Después de algunos experimentos fallidos, Einstein volvió a sus estudios sobre la gravedad.

Durante el verano de 1915 pasó unos días en la universidad de Gotinga, que destacaba por sus estudios de matemáticas, y luego en Suiza, con Elsa, disfrutando de la paz del campo. En octubre descubrió el camino que debía seguir con sus ecuacio-

Romain Rolland

Durante la guerra, Einstein conoció en Suiza a uno de los hombres que más influirían en su manera de pensar, el escritor francés Romain Rolland, Premio Nobel de Literatura en 1915, un idealista entregado al pacifismo, la lucha contra el fascismo y la paz mundial. Su novela más destacable, *Jean-Christophe*, comprende diez volúmenes y está escrita entre 1904 y 1912. Versa sobre las sucesivas crisis que afectan a un creador artístico, en este caso un compositor.

nes, retomó los cálculos que había hecho con Grossmann un año antes y todo empezó a cuadrar.

El 4 de noviembre de 1915 presentó en la Real Academia Prusiana de las Ciencias el artículo titulado «Sobre la teoría general de la relatividad», de nueve páginas. De ese artículo se deduce que el tiempo es una dimensión sobre la que se desarrollan todos los demás fenómenos, como si en cada instante el universo estuviera superpuesto a una copia igual pero anterior, y todas formaran el espacio-tiempo, dando lugar a una complicada figura geométrica en la que las rectas se curvan por efecto de la gravedad.

Las ecuaciones que regulaban el espacio-tiempo eran diez, lo bastante complicadas como para volver loco a un matemático mediano. Estas ecuaciones predecían que la elipse que forma Mercurio alrededor del Sol rotaba algo más de lo previsto por las teorías clásicas inspiradas en Newton y Kepler, y que esa precesión –el nombre técnico de la oscilación– estaba provocada por la curvatura del espacio-tiempo. Einstein se apresuró incluso a predecir cuánto, 43 segundos de arco por siglo, como consta en las Actas de la Academia Prusiana de 1915. Era el resultado de un duro trabajo y una intuición casi milagrosa. Einstein predijo también la desviación de la luz de las estrellas al pasar junto al Sol y el desplazamiento hacia el rojo de las líneas espectrales a causa de la gravedad.

En 1917, en plena guerra europea, la editorial Friedrich Vieweg & Sohn publicó un libro de setenta páginas en el que resumía sus descubrimientos: *Sobre la teoría especial y general de la relatividad*. En 1918, año en que, en Rusia, la familia del zar fue asesinada en nombre de la revolución y, en Alemania, el Káiser abdicó a favor de un gobierno popular, se hizo una tercera edición de tres mil ejemplares, y eso que aún no se había producido el acontecimiento que haría a Einstein conocido por el gran público. Comenzaba a sentirse a gusto en su país.

El eclipse y la fama

A través de Holanda, que se mantenía neutral, las teorías sobre la curvatura del espacio-tiempo llegaron en 1916 a Inglaterra. Sir Arthur Eddington, uno de los astrónomos más importantes del país, quedó inmediatamente fascinado y se preparó para comprobarlas durante el eclipse de sol de 1919.

Los medios técnicos de la época no eran muy avanzados. No obstante, Eddington organizó dos expediciones, una a Sobral, en Brasil, y otra a la isla africana de Príncipe, donde se tomaron las fotografías más precisas posibles en aquellos momentos. La teoría de la relatividad general predecía un desplazamiento de las estrellas más próximas al Sol durante el oscurecimiento. Las mediciones de Eddington confirmaron las predicciones. La prensa inglesa dio una gran publicidad al hallazgo e inmediatamente el eco de la noticia llegó a la prensa internacional. Desde ese momento, Einstein se convirtió en una celebridad.

Los diarios se volcaron sobre su figura de una manera constante. Una vez reconocido en el extranjero, los periódicos germanos empezaron a informar de todas las actividades de la gran figura de la historia universal que había sustituido a Kant en el corazón de los alemanes. Sin entender sus logros y en muchos casos incapaces de dar una explicación, en menos de un año los diarios y revistas extendieron su fama por todo el mundo.

Todos querían conocerlo y que diera conferencias y clases. Es lógico pensar que se sentía abrumado, pero afortunadamente su carácter le impidió desaparecer en una nube de orgullo y vanidad. Y era lo bastante inteligente como para medir sus palabras en público y evitar el escándalo. En los cursos que dio en la Universidad de Berlín en febrero de 1920, seguidas por la prensa con todo detalle debido a que eran las primeras después de su consagración, se limitó a la física y se abstuvo de todo tipo de comentarios.

Nunca hables de nosotros

En 1919, cinco años después de su separación, Einstein consiguió el divorcio de Mileva. Ella se quedó con los niños y él se encargaba de la manutención. El 2 de junio se casó con Elsa, quien tenía dos hijos fruto de su matrimonio anterior. Pero su año de triunfos no acabó con tantas alegrías en su vida emocional como en los círculos académicos. A finales de año se trasladó a su casa su madre, Paulina, que estaba muy enferma,

La bestia negra

En 1919 Einstein publicó un artículo en el diario *The Times*
de Londres en el que presentaba su teoría de la relatividad y del
que lo más interesante para nosotros fueron las últimas líneas:
«Al lector le gustaría conocer otra de las aplicaciones
del principio de la relatividad: hoy me consideran en Alemania
como un sabio alemán y en Inglaterra como un judío
suizo. Si me quisieran representar como una *bête noire*, sería,
por el contrario, un judío suizo para los alemanes
y un sabio alemán para los ingleses».

con la intención de pasar los últimos días de su vida con su hijo. Con ella vinieron su hermana Maja y una enfermera.

La relación de Einstein con las mujeres se ha mantenido casi en secreto hasta la publicación de sus cartas de amor con Mileva y con Elsa. En opinión de Einstein, Mileva era una persona depresiva, taciturna, a la que desagradaban sus costumbres, como por ejemplo, quedarse hablando con sus amigos sobre temas profesionales hasta altas horas de la madrugada, mientras ella permanecía sola en el lecho odiando su situación. Por supuesto, habían pasado muy buenos ratos: él la llamaba «dulce brujita» años antes, pero cuando se instalaron en Berlín no pudo más y entonces fue cuando, deprimida, se fue a Suiza con los niños.

Su madre no estuvo mucho tiempo con ellos, apenas cuatro meses, pues murió en marzo de 1920. Einstein hubiera deseado disfrutar de sus hijos y de una vida familiar tranquila que se le escapaba. Tampoco su segundo matrimonio fue modélico. Einstein era demasiado independiente, no se consideraba de ninguna patria, de ningún círculo de amistades y ni siquiera de su familia más cercana. En una ocasión ella dijo: «Nosotros»; Einstein respondió con energía: «Habla de ti o de mí, pero nunca de nosotros», como se comenta en el libro *Einstein en privado*, de Armin Hermann. En el mismo libro se cita una frase de Einstein sobre el matrimonio que pone los pelos de punta: «Seguramente, el matrimonio fue inventado por un cerdo carente de fantasía».

Einstein era una persona muy simpática que caía bien a las mujeres. Además, si se tiene en cuenta su fama, puede aventurarse que no le faltó la oportunidad de tener amantes, para desespero de sus esposas. Tampoco se privó de pasearse en público con ellas. Durante el tiempo que estuvo separado, pero ya comprometido con Elsa, tuvo una amante en Berlín con la que se veía una vez a la semana. Pocas noticias quedan de ella, pues Einstein ordenó en su testamento que se quemaran sus cartas.

De los años en que vivió solo en Berlín se tiene alguna referencia. Residía en la que fue su casa con Mileva. Era un caserón grande y desordenado en el que por doquier se encontraban los papeles donde anotaba sus investigaciones. Es de suponer que detestaba comprar y cocinar, porque podía pasar varios días sin comer, aunque se desquitaba cuando iba a casa de su tío Rudolf. Su receta era: «fumar como un carretero, trabajar como una mula, comer sin consideración ni selección» (*Einstein en privado*). Con esta manera de hacer, consiguió tener una úlcera. Elsa se encargó de cuidarlo en una de las crisis más serias de su enfermedad. Después de casarse, Einstein continuó con sus vicios, si bien a Elsa le gustaban las visitas, al contrario que a Mileva, y era muy tolerante. Su segundo matrimonio fue bien durante algunos años. Elsa incluso trató de conseguir que se peinara los cabellos siempre revueltos y le regaló un cepillo, pero Einstein decidió que si empezaba a cuidarse dejaría de ser él mismo, y siguió teniendo los cabellos largos y revueltos hasta su muerte.

En esa época, el centro de Europa era un hervidero de viejas y nuevas ideas. La revolución rusa, que en aquel momento estaba en pleno auge, empezó a enviar vientos revolucionarios sobre el continente. Difícilmente se podía vivir al margen de los nuevos tiempos.

En 1918 el káiser Guillermo II de Alemania dejó el poder en manos de un gobierno republicano que alentaba el espíritu revolucionario. Einstein tuvo que intervenir en la universidad a favor del rector, que había sido secuestrado por los estudiantes. Contento por la caída de los militares, se hizo ciudadano alemán, aunque conservó la ciudadanía suiza. No volvería a ser apátrida, como en sus años de juventud.

Enemigos en Alemania

Los nacionalistas alemanes nunca perdonarían a Einstein que fuera judío, aun a costa de hacer el ridículo. Según ellos, un judío no podía haber hecho un descubrimiento tan importante como la teoría de la relatividad. Los ataques no se hicieron esperar.

Los patriotas más fanáticos culparon a los pacifistas y a los judíos de la derrota, y Einstein, que era tanto lo uno como lo otro, tuvo que hacer frente a las críticas y descalificaciones que le lanzaron. En 1920 empezaron las campañas antisemitas. En agosto, Paul Weyland, un estafador cuyas referencias continúan siendo una incógnita, organizó una reunión en el Palacio de Conciertos de Berlín contra la relatividad que tuvo una asistencia multitudinaria. Weyland clamó contra la adulación de una prensa vendida a una ciencia degenerada e incomprensible, pero no pudo demostrar la falsedad de unas ecuaciones que no entendía. Einstein estaba en un palco entre los asistentes. Weyland comparó la relatividad con el dadaísmo, un movimiento artístico y literario aparecido en 1916 que pretendía, mediante el irracionalismo y el azar, destruir la sociedad, la cultura y el arte tradicionales y buscar la auténtica realidad.

Einstein se encontraba atrapado. Nunca se había sentido judío en el sentido estricto de la palabra, y ahora se lo hacían pagar. Se creó un núcleo de científicos y periodistas en su contra. No podía renegar de su nacimiento, pero tampoco quería identificarse con él. En otoño se negó a pagar el im-

La revolución rusa

El zarismo, que había gobernado Rusia con mano de hierro durante los últimos años, se vio debilitado por la primera guerra mundial. El enfrentamiento entre el zar y las masas campesinas que vivían en comunas era inevitable. En julio de 1918, el zar Nicolás II fue asesinado. En octubre, los bolcheviques, conducidos por Lenin y Trotsky, tomaron el poder. Poco después fundaron el Partido Comunista Ruso y firmaron la paz con Alemania a cambio de ciertas concesiones. Durante los años siguientes establecerían las bases de su sistema de gobierno que se basaba en el fin de la propiedad privada y en la nacionalización de todos los medios de producción. La influencia del comunismo empezó a extenderse por toda Europa.

puesto que debían abonar todos los judíos a su comunidad. Le contestaron que como judío estaba obligado a pagarlo. Respondió que ayudaría en lo que fuese necesario, pero que no podían obligarlo a pertenecer a una comunidad religiosa si él no lo deseaba. Varios años después aceptó considerarse como tal en la medida en que el término designaba una comunidad cultural, indistintamente de la confesión religiosa de sus componentes.

El sionismo y América

Que renunciara a pagar el impuesto judío no quiere decir que renunciara a su pueblo. Al contrario, en momentos tan difíciles como aquellos sintió la obligación de defenderlos ante el mundo, sobre todo teniendo a todos los medios de comunicación a su alcance. Y no faltó quien lo estimulara para ello.

Empezó una época de viajes. Todas las universidades querían que fuese a explicar la teoría de la relatividad: Praga, Viena, Leiden, Oslo, Copenhague y después Estados Unidos.

El dirigente y creador de la Organización Sionista Mundial, Chaim Weizmann, que sería el primer presidente de Israel entre 1949 y 1952, lo convenció para realizar un viaje a Estados Unidos con el fin de recaudar fondos para la construcción de la primera universidad hebrea en Jerusalén.

Einstein gozó de una gran acogida en Estados Unidos, un país que había luchado contra Alemania en la primera guerra mundial. Desde que bajó del barco fue acosado por los periodistas. Tuvo que hablar en todos los foros. Quizás lo más curioso fue que siempre lo hizo en alemán, y entonces no existía la traducción simultánea. Por suerte, muchos de sus oyentes eran científicos alemanes que habían huido de Alemania. De hecho, durante su visita al presidente, Warren G. Harding, tuvo que comunicarse por medio de intérpretes que, naturalmente, no entendían la teoría de la relatividad.

Permaneció bastantes días en Nueva York. La Universidad de Princeton lo nombró doctor *honoris causa*. Cuando le dijeron que un físico había demostrado en California la existencia del éter, hizo un comentario que permanece grabado en mármol sobre la chimenea de uno de los salones de la universidad. Está escrito en alemán y su traducción aproximada es: «Dios es astuto y sagaz, pero no malicioso».

El viaje fue un éxito, y recogieron millones de dólares para la construcción de una facultad de Medicina en Jerusalén. Einstein quedó profundamente impresionado por la fuerza

La comprensión de la teoría

Se ha dicho muchas veces que la teoría de la relatividad sólo pueden comprenderla unas pocas personas en el mundo, debido a la complejidad de sus fórmulas. Cuando llegó a Estados Unidos, los periodistas le preguntaban: «Doctor Einstein, ¿es cierto que en el mundo sólo hay doce personas que entiendan su teoría?». Esto nunca ha sido cierto. Él mismo decía que en Berlín todos sus estudiantes la comprendían. En 1920 se convocó en París un concurso sobre la mejor explicación de la teoría de la relatividad en doce páginas como máximo, con un premio de cinco mil dólares, y se presentaron más de trescientos concursantes. Tres años después, se habían publicado más de tres mil artículos sobre la relatividad en todo el mundo.

que tenía el movimiento judío en Estados Unidos y sintió que sus creencias comenzaban a germinar. Nunca había sido tan judío y nunca había creído que había que defender el sionismo con tanta fuerza. Volvió a Alemania con ganas de lucha, pero no con la intención de integrar el judaísmo con el resto de la población, sino de defender sus peculiaridades, algo bastante peligroso en aquellos momentos.

En el camino de vuelta, en la primavera de 1921, dio varias conferencias en Inglaterra, siempre en alemán. Por suerte, sus dotes estaban por encima de su nacionalidad y tuvo un éxito considerable. La popularidad de Einstein era mayor que la de cualquier actor de cine. No se lo admiraba por su aspecto, cosa que hubiera detestado profundamente –aunque hay que reconocer que se destacaba de los demás hombres por su mostacho y sus cabellos largos y ensortijados–, ni por su capacidad histriónica, sino por su genio, que es lo más abrumador que le puede pasar a un ser humano.

Pero en Europa la situación empeoraba. En marzo de 1922 dio una serie de conferencias en París, no sin dificultades, por ser alemán. A su llegada tuvo que esconderse para bajar del tren y evitar las manifestaciones antialemanas. Como no podía usar el alemán en Francia, se vio obligado a impartir una conferencia en el Collège de France en francés, si bien su nivel no era mejor que el de cualquier alumno de bachillerato. La Sociedad Física Francesa se negó a recibirlo, pero en conjunto el viaje fue un éxito. De regreso, le mostraron los campos de batalla donde se había desarrollado la guerra de trincheras. «Dichoso patriotismo –dijo–. Preferiría dejarme despedazar antes que participar en un acto tan miserable».

El verano del mismo año se vio obligado a renunciar a su participación en el Congreso de Científicos y Físicos Alemanes, después de que asesinaran al ministro alemán de Asuntos Exteriores, Walter Rapenau, que era judío, y de recibir numerosas amenazas.

El premio Nobel y los viajes

Procuró mantenerse apartado en Berlín, y en octubre se marchó seis semanas a Japón con su familia. Antes de llegar visitó Ceilán (actualmente Sri Lanka) y Hong Kong. Cuando bordeaban la costa de China con destino a Shanghai, les llegó la noticia de que le habían concedido el premio Nobel de Física del año anterior, 1921, que no se había entregado en su momento, «por su descubrimiento de la ley del efecto fotoeléctrico». El premio de 1922 fue para Niels Bohr.

En Japón lo esperaban con todos los honores necesarios. Fue recibido por el emperador y aclamado por las multitudes, como en Estados Unidos, y eso que muy pocas personas habían podido leer sus escritos traducidos al japonés. El día de la entrega de los premios Nobel en Estocolmo, él estaba disfrutando de la honorabilidad japonesa en Kioto, inconsciente de los problemas que su ausencia podía provocar entre las embajadas de Alemania y Suiza, pues era ciudadano de ambos países y uno de los dos embajadores tenía que acudir en su nombre. Finalmente, lo hizo el embajador alemán.

Después de Japón viajó a Palestina. El estado de Israel todavía no había sido fundado –no fue independiente hasta 1948–, pero, como todo visitante, quedó profundamente emocionado por la intensa religiosidad de ese país, que en cierto modo lo horrorizaba. El Muro de las Lamentaciones ofrecía un espectáculo emocionante, abrumador y doloroso a la vez.

No es una opinión personal únicamente. A Einstein le parecían hombres con pasado y sin presente.

España y Latinoamérica

A continuación visitó España, donde tuvo que conocer una vez más a todas las autoridades de cada ciudad que visitaba. Estuvo una semana en Barcelona, y luego fue a Madrid, donde fue recibido en marzo de 1923 por el rey Alfonso XIII. Visitó el Museo del Prado dos veces y afirmó quedar impresionado, sobre todo con Velázquez, El Greco y Goya. Por último visitó Zaragoza y volvió a Francia en el tren de la Casa Real.

Einstein estaba cansado. En sus diarios anotó que había encontrado la mayor nobleza entre los hindúes de Ceilán, y la moral más elevada entre los judíos de Palestina. La vuelta a Europa central lo devolvió a una realidad mucho más cruda. En Alemania, la economía se deterioraba a causa de las deudas de la guerra, y el nacionalismo empezaba a emerger. Sin embargo, Einstein estaba en la cima de la gloria y no tenía que preocuparse. Una clase acomodada medraba en Berlín. Quizás fue la época en la que tocó más el violín.

El Congreso Solvay que se celebró en Bruselas en 1923 se negó a invitar a científicos alemanes. A finales de ese año, una multitud dirigida por Adolf Hitler saqueó los comercios judíos en Berlín. Hombres y mujeres corrían desnudos por la calle perseguidos por una turba enfurecida. Einstein decidió marcharse a Leiden, en Holanda. Elsa estaba aterrorizada. Seis semanas después volvieron a Berlín, el marco se recuperaba y parecían haberse resuelto los peores problemas.

Einstein, por encima de todo, era un hombre de costumbres sencillas, afable y poco dado a las convenciones sociales.

La actitud de la Academia Sueca

La Academia Sueca decidió otorgarle el premio Nobel en 1921. Lo hizo público en noviembre de 1922 y se lo entregó en 1923. Sin embargo, no parecían convencidos. Al parecer, no habían comprendido las implicaciones de la teoría de la relatividad. En el discurso de entrega se dijo: «a Albert Einstein, por ser el más alto merecedor en el campo de la física teórica, especialmente por su descubrimiento de la ley concerniente al efecto fotoeléctrico», el primer artículo que publicó en 1905. Lo cierto es que la Academia Sueca entregaba los premios a trabajos que hubieran sido demostrados experimentalmente, y la teoría de la relatividad todavía se debatía en un mar de dudas. No obstante, Einstein ya era la figura más importante de la física del siglo XX.

En 1924 la teoría cuántica se desarrollaba a partir de las proposiciones de Einstein, y alcanzaba niveles con los que éste no estaba de acuerdo. Empezaba el enfrentamiento con Niels Bohr sobre los postulados que una nueva generación de físicos, entre los que se hallaban Wolfgang Pauli y Werner Heisenberg, estaban desarrollando.

En la primavera de 1925, Einstein se fue dos meses a Suramérica. En el barco trabó amistad con la escritora Else Jerusalem, apodada *la Pantera*, quien no se separaría de él durante todo el viaje. Visitó Argentina, Brasil y Uruguay, el país que más le gustó. Tenía predilección por los países pequeños.

En Alemania, los hallazgos científicos se acumulaban y lo superaban. En 1927 Heisenberg presentó el principio de incertidumbre y Bohr presentó el principio de complementariedad. Einstein trató de demostrar la falsedad de tales premisas, pero los cálculos eran demasiado complicados y no pudo hacerlo. Para comprenderlos y seguir adelante era preciso formarse en esos campos durante muchos años.

Einstein se apartó de la nueva física y se dedicó a la búsqueda de una teoría que unificase las fuerzas fundamentales del universo, pero sus capacidades habían menguado. La vejez, las enfermedades y la lucha política le sustraían tiempo y fuerzas.

Es curioso el hecho de que Einstein no tuviera nunca discípulos, ni se esforzara en tener un centro de investigación

Dios no juega a los dados

Einstein no podía aceptar las premisas de la física cuántica, que aseguraban que el observador condiciona el fenómeno. Según dónde y cómo, se observaba un fotón, se encontraba una cosa u otra y no se podía establecer una norma. La luz elegía el camino que nosotros esperábamos. Esto era absurdo. En los sucesivos congresos Solvay que se celebraron después de estos descubrimientos, en 1927 y 1930, Einstein se enfrentó a Bohr y a la nueva escuela intentando demostrar su falsedad. Einstein proponía un experimento y Bohr, al día siguiente, lo refutaba y demostraba que Einstein no tenía razón. Einstein, desesperado, clamó en numerosas ocasiones «Dios no juega a los dados» (*Gott würfelt nicht*). Bohr entendía que «Gott» no era Dios, sino las autoridades celestiales. El concepto de Dios para Einstein tampoco estaba demasiado claro. En más de una ocasión afirmó que su Dios era el Dios inmanente de Spinoza –de hecho, la naturaleza–. Muchos años después, Einstein reconoció que no podía con Bohr.

propio, que muchos gobiernos, sobre todo el alemán, le hubieran facilitado, como hizo Bohr en Dinamarca. Einstein asistía a coloquios o reuniones de asociaciones, pero no tenía un grupo de seguidores jóvenes que continuasen su camino o que se reuniesen con él a diario. Era demasiado independiente.

En la primavera de 1928 estuvo en el pueblo suizo de Davos, que había inspirado *La montaña mágica*, de Thomas Mann, donde dio una charla a los estudiantes tuberculosos que estaban ingresados en el balneario, y a la vuelta enfermó del corazón. Se le descubrió un aneurisma, tenía la aorta dilatada y cualquier esfuerzo podía reventarla y causarle la muerte. Aún le quedaban veintisiete años de vida.

Cincuenta años

A causa de la enfermedad tuvo que guardar reposo durante varios meses. Para cuidarlo, en abril de 1928 entró a su servicio una jovencísima Helena Dukas, enviada por la Ayuda a los Huérfanos Judíos, que se convertiría en su secretaria hasta su muerte. En verano, su médico, János Plesch, lo envió a un balneario en la costa. Además de Helene Dukas, cuidaban de él su hija Margot, su mujer Elsa y su amante de entonces, la austriaca Toni Mendel. Un cuadro perfecto y sorprendente.

En las fotografías de la época, Einstein aparece en bata y sobre una tumbona. Tuvo más suerte que otros genios en su misma situación: al contrario que Nietzsche, por ejemplo, cuatro mujeres se ocupaban de él día y noche.

Es evidente que Elsa ya no lo atraía, aunque tampoco la odiaba –como sucedió con Mileva–, ya que estuvo con ella

Un pacifista convencido

Einstein proclamaba su pacifismo siempre que tenía oportunidad de hacerlo. Sus ideas eran lo que cualquiera en sus cabales consideraría razonable, pero el mundo a su alrededor había enloquecido. Einstein proclamó que nadie tiene derecho a cometer un crimen en el nombre de ninguna religión y seguir llamándose cristiano o hebreo. También aseguró que, de ser reclutado durante una guerra, se negaría a intervenir y trataría de convencer a sus compañeros de que hicieran lo mismo.

hasta sus últimos días. Sin embargo, Elsa tuvo que soportar los amoríos de Einstein, que no eran pocos, y sin rechistar. Y lo de menos era la escritora Else Jerusalem, *la Pantera*. Cuando Toni venía a su casa, Elsa se marchaba para dejarlos solos. Las hijas de Elsa, Ilse y Margot, le decían: «Tendrás que conformarte o separarte», como se cita en el libro de Armin Hermann, *Einstein. En privado*. Elsa tenía otras compensaciones, como cortarle el pelo al genio.

Con todo, su vida no debía ser nada fácil entre tantas mujeres y tantos admiradores. Puede parecer muy grata, pero no cabe duda de que era demasiado estresante para alguien que quiere dedicarse a la física y busca nuevos puntos de vista.

El 14 de marzo de 1929 cumplió cincuenta años. Los medios de comunicación de todo el mundo lo celebraron como un acontecimiento. Einstein estaba en Gatow, en casa de su médico, navegando, mientras las flores, los telegramas y las felicitaciones se acumulaban en su casa de Berlín. Sus amigos le regalaron un espléndido velero. La ciudad de Berlín quiso obsequiarlo con un palacete a las afueras de la ciudad, pero hubo que desistir, pues estaba cedido de por vida a su antigua propietaria. Por supuesto, Einstein se negó a aceptar el regalo. La ciudad quiso entonces regalarle un terreno en Caputh, a orillas del río Havel, un afluente del Elba en el que le gustaba navegar. Sin embargo, los políticos no se pusieron de acuerdo y Einstein, molesto, zanjó la controversia pagando la parcela de su propio bolsillo.

Allí se hizo construir una cabaña en la que estaría apartado de la encopetada sociedad berlinesa y podría pasear entre los pinos, vestir a su aire, hacer la siesta, mantenerse alejado de la orilla en su barca, a merced del viento, o pasear entre los bosques, actividades que debieron ser sumamente gratas a una persona que hacía frente al asedio de políticos, periodistas y admiradores.

Invitado por el Instituto de Tecnología de California para dar clases, pasó el invierno de 1930 en Estados Unidos. Estu-

Un día en Nueva York

Durante el viaje de 1930 se vio nuevamente asediado por los compromisos. Para un hombre que tenía el corazón y el estómago delicados, era demasiado. En Nueva York, en un solo día, el 13 de diciembre visitó por la mañana al profesor Charles Liebman, al escritor indio Rabindranath Tagore, con quien no se puso de acuerdo sobre el orden natural del mundo, y al violinista Fritz Kreisler, comió con Henry Goldmann, escuchó un concierto en el Metropolitan Opera, saludó a Toscanini, tomó el té con John Rockefeller, visitó la New Historical Society y pronunció un discurso en el Ritz pidiendo a la juventud de todo el mundo que se negara a hacer el servicio militar.

vo en Nueva York, donde fue aclamado de nuevo, y viajó en barco a través del canal de Panamá hasta California. En Pasadena conoció a Michelson, el hombre que había demostrado que la velocidad de la luz es constante mientras intentaba demostrar la existencia del éter. En Hollywood visitó los estudios, vio películas prohibidas en Alemania como *Sin novedad en el frente* y conoció a Charles Chaplin. Dos meses después viajó en tren a Nueva York. Los pacifistas lo consideraban un símbolo de sus ideales. En primavera estaba de nuevo en Berlín, y en el invierno de 1931 repitió el viaje, siempre a través del canal de Panamá.

Mientras Einstein daba clases, investigaba, navegaba y seguía rodeado de admiración y de buenos amigos de reconocida capacidad intelectual, el mundo hacía aguas.

Desde 1929, las cosas iban de mal en peor. En Alemania, los nazis aprovechaban el desencanto de la sociedad para reclutar partidarios; los industriales los subvencionaban. En 1932 Hindenburg fue reelegido presidente de la República. Einstein se marchó en primavera a Oxford, donde recibió la visita del famoso pedagogo Abraham Flexner, quien le ofreció un puesto en un instituto de investigación aun no creado en Princeton. A principios de verano volvió a visitarle en Caputh. Su propuesta era un buen modo de librarse de las críticas del partido nacionalsocialista.

La ciencia cambia de continente

Durante los veranos, Einstein se instalaba en su casita de Caputh. Desde el estudio, con la mesa enfrente de la puerta del balcón, podía ver el típico paisaje centroeuropeo de grandes árboles, casas de tejados apuntados y el plácido río Havel, que a lo largo de trescientos kilómetros apenas tenía una caída de cuarenta metros y formaba amplios lagos.

La idea de formar parte del nuevo Instituto de Estudios Avanzados que se iba a construir en California lo atraía, aunque estaba muy a gusto en Berlín, teniendo cerca a todos sus amigos. Sin embargo, el peligro nazi lo hizo pensar de nuevo en la conveniencia de irse. Cuando le preguntaron cuánto quería ganar, pidió una cifra muy baja para los estándares americanos.

En julio de 1932, el partido nacionalsocialista ganó las elecciones. Einstein se tomó unas vacaciones en Leiden, Holanda, y luego en Bélgica. Ya no tenía mucho que hacer en Alemania. El 1 de diciembre asistió a la última reunión de la Academia Prusiana. Cuatro días después, se presentó con

Las ocas del Capitolio

El invierno de 1932, cuando Einstein se disponía a ir de nuevo a California, un grupo de mujeres se opuso alegando que era comunista. Einstein respondió: «Pero ¿no estarán en lo cierto estas vigilantes ciudadanas? ¿Por qué abrir las puertas a un hombre que devora insensibles capitalistas con el mismo apetito con que el Minotauro de Creta devoraba apetitosas doncellas griegas, y que además es tan perverso que condena todas las guerras menos la guerra inevitable con la propia esposa? Escuchad, pues, a vuestras inteligentes y patrióticas mujeres y recordad que el Capitolio de la poderosa Roma se salvó en una ocasión gracias al graznido de unas fieles ocas» (Banesh Hoffmann, *Einstein*).

Elsa, su ayudante y su secretaria en el consulado de Estados Unidos para solicitar los correspondientes visados. Al poco tiempo estaban en Amberes y emprendían el viaje a Estados Unidos. Ilse y Margot, las hijas de Elsa, se irían a París.

En enero de 1933, los nazis tomaron el poder; en febrero incendiaron el Reichstag y culparon a los comunistas. Einstein, que estaba en California, anunció públicamente que no volvería a Alemania. Cuando acabó el invierno volvió a Europa y se instaló en la villa de Coq-sur-Mer, en Bélgica, donde, por orden del rey, estuvo constantemente protegido. Era un símbolo demasiado fuerte de la libertad de expresión, y además judío, como para que los nazis no intentaran matarlo. Tampoco se privó de criticar el comunismo ruso, porque coartaba las libertades.

Los nazis confiscaron sus cuentas bancarias y la casa de Caputh, junto al río Havel. Todas las puertas para un posible retorno estaban cerradas. Sus obras fueron quemadas y sus teorías rebatidas. Todos los judíos fueron expulsados de sus puestos académicos y perseguidos. Planck fue uno de los pocos científicos que lo defendió cuando la Academia Prusiana empezó a difamarlo. Más de mil catedráticos y profesores fueron expulsados de Alemania antes de la guerra, y puede decirse que gracias a ello salvaron la vida. Einstein renunció de nuevo a la nacionalidad alemana.

Las cosas se estaban poniendo tan feas que se atrevió a decir que, de ser belga, en aquellos momentos no renunciaría a la vida militar, porque la amenaza del nazismo era demasiado peligrosa para dejar que se apoderasen de toda Europa. Con esto, sorprendió a todos los pacifistas que esperaban una declaración contraria. Sus ataques al nazismo arreciaron hasta el extremo de que los propios judíos alemanes lo acusaron de provocador y de que por su culpa la situación empeoraba para ellos, porque el gobierno de Hitler utilizaba sus declaraciones como motivo para odiarlos.

En 1933 pasó un tiempo en Inglaterra, donde conoció a Churchill y participó en la organización de un comité para acoger a los científicos expulsados de la Alemania nazi. Reunió a diez mil personas en un auditorio con este fin, y a pesar de que aún no conseguía hacerse con el inglés, todo el mundo entendió su propuesta de que los jóvenes científicos que empezaban trabajasen como fareros –en aislados farallones rocosos–, para poder vivir de una ocupación que no tuviera nada que ver con la ciencia, y a la vez, tener tiempo suficiente como para dedicarse a sus investigaciones sin depender de nadie. La ciencia no debía estar al servicio de la política ni del capital.

La época en que Alemania había sido la cuna de la ciencia pura se había acabado. El nazismo había hecho bascular la balanza hacia el otro lado el océano con su nacionalismo obcecado.

Einstein en Princeton

En octubre de 1933, Einstein llegó a Princeton, una población de New Jersey en la que destaca su famosa universidad y el Instituto de Estudios Avanzados, donde trabajaría hasta el final de sus días. Tras residir durante varias semanas en un hotel, la familia se instaló en una gran casa de dos plantas, en una zona ajardinada.

En 1934 el presidente Roosevelt lo invitó a pasar una noche en la Casa Blanca. La estancia fue perfecta. Su anfitrión no sólo se preocupó hasta de los detalles más insignificantes,

Princeton

Princeton es una tranquila ciudad de New Jersey a cuya universidad sólo tienen acceso los estudiantes más aventajados o procedentes de familias adineradas. Fundada en 1746 como Colegio de New Jersey, en 1896 obtuvo el rango de universidad. Desde entonces se ha ido ampliando. En 1930 se construyó el Instituto de Estudios Avanzados. Actualmente, más de medio centenar de grandes corporaciones han financiado allí sus propios centros de investigación.

sino que también hablaba alemán. Hacía mucho tiempo que no disfrutaba de una velada tan agradable.

Sus investigaciones continuaban sin problemas. De hecho, lo más destacable que le sucedió aquel año fue el concierto de violín que ofreció en Nueva York en beneficio de los científicos que se habían visto obligados a dejar Alemania.

Sin embargo, no todo fue tan cómodo y apacible. Muy pronto tuvo algunos problemas con su protector, el director del Instituto, Abraham Flexner, quien quería mantenerlo apartado de la política a toda costa. Por otro lado, su ayudante, Walther Mayer, dimitió en busca de mejores perspectivas, y Elsa tuvo que ir a París en primavera, donde estaban sus hijas, para ver morir a Ilse de tuberculosis. Einstein, mientras tanto, navegaba en Rhode Island. Elsa volvió con Margot.

Cuando se puso a trabajar en serio, retomó la crítica a la mecánica cuántica que había iniciado a raíz de sus primeras discusiones con Bohr. En 1935 trabajó con dos físicos, Podolsky y Rosen, en el Instituto de Estudios Avanzados, con los que descubrió la *paradoja de Einstein*.

Aquel mismo año compró una distinguida mansión en Old Lyme, Connecticut, para pasar las vacaciones. En ella había vivido Charles Lindbergh, el primer hombre que cruzó el Atlántico en un vuelo sin escalas. También tuvo tiempo de practicar la vela en el lago Carnegie, en New Jersey.

Einstein, Elsa, Margot y Helen Dukas tuvieron que pasar unos días fuera del país, en las Bermudas, pertenecientes al Reino Unido, para que el cónsul estadounidense les extendiera unos visados permanentes. A partir de ese momento tendrían que esperar cinco años para conseguir la nacionalidad. Los Einstein prosperaban, y en otoño de 1935 se compraron otra casa, esta vez en Princeton, una antigua mansión de estilo colonial, que estaba lo bastante cerca de la universidad como para ir caminando. La llenaron con los muebles y los libros que se habían traído de Alemania. El resto de sus bienes fue incautado por el gobierno nazi. Todo estaba a nombre de Elsa, pues Einstein no quería propiedades.

En 1936 murió su amigo Marcel Grossmann, y, en diciembre, el corazón de Elsa se detuvo definitivamente. Einstein quedó abrumado de dolor. Llevaban varios años ayudando a sus amigos en peligro a escapar de Alemania, y eso los había unido. Para superarlo, Einstein decidió dedicarse de lleno al trabajo. En aquella época, el inglés de Einstein era rudimentario y con frecuencia cambiaba el orden de las palabras.

En 1937 su nuevo ayudante polaco, Leopold Infeld, le propuso escribir un libro titulado *La evolución de la física*. Einstein aceptó. Infeld escribía el libro y se lo leía poco a poco en inglés. Einstein lo aprobaba o sugería cambios.

En 1936 estalló la guerra civil española, pero América estaba muy lejos. Einstein iba caminando cada día desde su casa de dos plantas hasta el Instituto de Estudios Avanzados, donde

daba clases, a su aire, a un grupo de privilegiados. En su
llo estudio, en el piso alto de su casa, investigaba, como buen
teórico, con su cerebro, lápiz y papel, rodeado de una austeri-
dad espartana. Conservaba los retratos de Newton, Faraday y
Maxwell que tuvo en su cuarto de trabajo de Berlín. No había
ordenadores. Nunca le gustaron las máquinas, aunque sí los
aparatos ingeniosos. Nunca quiso tener coche, porque entonces
se consideraba un lujo, pero al parecer le gustaba que lo lleva-
ran, e incluso hizo algunos viajes por Estados Unidos junto con
su hermana Maja y su hijo Hans Albert.

En 1938 los alemanes anexionaron Austria. En septiembre,
Mussolini empezó a perseguir a los judíos en Italia. Enrico
Fermi, cuya esposa era judía, recibió el premio Nobel y se fue
directamente a Nueva York, donde lo esperaba una cátedra en
la Universidad de Columbia. El fascismo se estaba deshacien-
do de los mejores científicos de la época. Fermi había descubierto la desintegración de los núcleos de uranio y, aunque en
Alemania se realizaban experimentos parecidos, serían los
Estados Unidos el país que realizaría el esfuerzo más grande
para obtener partido de la fisión nuclear.

En 1938 Thomas Mann, el mejor escritor alemán de este
siglo, se instaló en Princeton como profesor invitado. Estuvo
más de dos años y durante ese tiempo se vio a menudo con
Einstein. Ambos compartían la lucha contra Hitler escribiendo comunicados y dando conferencias. Pero no podían hacer
nada desde América; el Führer se convertía en el dueño de
Checoslovaquia y preparaba la invasión de Polonia.

En 1939 la hermana de Einstein, Maja, abandonó a su marido, el pintor Paul Winteler, Einstein, que siempre se había
llevado muy bien con ella, la acogió en su casa de Princeton,
donde viviría hasta su muerte.

Las lecturas de Einstein

Einstein no leía apenas literatura de ficción. Es muy dudoso
que consiguiera leer *La montaña mágica*, por ejemplo, pero
apreciaba la filosofía, y leía a Schopenhauer y a Spinoza.
Sin embargo, no desconocía las grandes obras. Disfrutó leyendo
Guerra y paz, de Tolstói y Los hermanos Karamazov,
de Dostoievski; también leyó algo de Shakespeare, pero
su lectura favorita era *Don Quijote de la Mancha*, que aparecía
muchas veces en su mesita de noche. Entre los autores
contemporáneos leía a Bernard Shaw y, sobre todo, autores
de tendencias izquierdistas. Cuando tenía cerca de setenta años,
leía a su hermana Maja, que estaba enferma en cama. Una vez
declaró que le acababa de leer los argumentos de Tolomeo
contra la idea de Aristarco de que la Tierra se mueve alrededor
del Sol. No sabemos si su hermana lo escuchaba.

La bomba atómica

Desde 1934, el físico italiano Enrico Fermi investigaba lo que
sucedía cuando se bombardeaban núcleos de elementos pesa-
dos con partículas neutras, en particular durante el bombardeo de núcleos de uranio con neutrones. Sus experimentos
dieron pie a que otros científicos se interesasen por el tema e
hiciesen experimentos similares.

En 1939 Niels Bohr comunicó a Einstein que la física alemana Lise Meitner, que había abandonado Alemania y se hallaba refugiada en Copenhague, había logrado escindir un núcleo de uranio con una ligera pérdida de masa convertida en
energía.

Einstein, a pesar de su interés por la ciencia, siempre reservó unas cuantas horas al día para la lectura.

Pocos meses antes, en 1938, los alemanes Otto Hahn y Fritz Strassmann habían descubierto la fisión nuclear, que técnicamente es la desintegración de un núcleo de uranio con la pérdida de una parte de su masa transformada en energía, según la ecuación $E=mc^2$. Bohr especuló con la posibilidad de provocar una reacción controlada para producir una gran cantidad de energía.

El experimento se repitió en América rápidamente. Se descubrió que entre los productos de la desintegración del núcleo de uranio aparecían neutrones capaces de producir otras desintegraciones y provocar una reacción en cadena. Las posibilidades de generar una cantidad de energía inmensa se hallaban al alcance de la ciencia. Se desató una loca carrera en pos de la bomba atómica.

Entonces apareció en escena Leo Szilard, un físico húngaro nacionalizado americano, que empezó a mover todos los hilos a su alcance. Einstein lo conocía desde Berlín. Ahora era profesor en Columbia y había participado de los descubrimientos de Fermi sobre la fisión nuclear. Junto con su amigo húngaro, Eugene Wigner, que conocía a Einstein porque también era profesor en Princeton, fue a visitarle en junio de 1939 a Long Island, donde estaba pasando sus vacaciones y disfrutando cuanto podía de la vela y el aislamiento. Querían que Einstein convenciera a la reina de Bélgica para que los alemanes no pudieran acceder al uranio del Congo Belga, el principal productor mundial en aquellos momentos.

Einstein no sabía nada del desarrollo de la bomba atómica y Szilard, que sin duda era un perverso orador, le explicó lo que pasaría si los nazis consiguieran la bomba antes que ellos. Szilard volvió poco después con otro físico húngaro, Edward Teller, y entre ambos lo convencieron para que usara su influencia y firmara una carta dirigida al presidente Roosevelt, advirtiéndolo de los peligros, y, de hecho, instándolo a adelantarse a los alemanes.

La carta a Bélgica nunca fue enviada, pero la carta a Roosevelt salió el 2 de agosto de 1939 con remite en el lugar de vacaciones de Long Island, Nassau Point. Einstein sugería poner a salvo las reservas de uranio belgas y recomendaba el empleo de la energía nuclear: «Podemos pensar en la construcción de nuevas bombas con una potencia muy superior a las actuales». Seguía explicando que la bomba, que sería realmente pesada, podía destruir una zona muy extensa y que era alarmante que los alemanes se hubieran apoderado de las minas de uranio de Checoslovaquia. El pacifista testarudo se había dejado llevar por las circunstancias y había caído en el bando de la violencia. Szilard tenía que ser un hombre muy convincente. La carta no tuvo mucha importancia en el desarrollo de la bomba, pero sí en la vida de Einstein, sobre todo en sus biografías, que lo consideran en parte culpable de la barbarie que se desató a continuación. No obstante, a pesar de que Einstein insistió al año siguiente en la necesidad de crear un comité para obtener fondos y que se aceleraran las investigaciones nucleares, poco después no volvió a intervenir y quedó al margen de todas las investigaciones.

La teoría del campo unificado

Entre sus muchas preocupaciones en esos tiempos estaba la búsqueda de una serie de ecuaciones que relacionasen el electromagnetismo con la gravedad. Esta es la manera más sencilla de decirlo, por supuesto, pero estaba tan convencido de que todas las fuerzas que imperaban en el universo tenían que poderse encuadrar bajo las mismas leyes, que se pasó el resto de su vida tratando de encontrarlas.

Con sesenta años, Einstein reconocía que los grandes descubrimientos son propios de los jóvenes y que la única guía posible es la intuición, pues, ¿de qué otro modo se encuentra el camino entre una infinidad de posibilidades? El problema era que la gravedad se había podido interpretar por medio de la

El proyecto Manhattan

La mayoría de los científicos que participaron en el proyecto Manhattan habían huido de las dictaduras europeas. En 1940 se concedió un presupuesto de 6.000 dólares para iniciar los estudios previos, pero hasta mediados de 1942, cuando Estados Unidos entró en guerra, no se tomó muy en serio. Entonces se hizo cargo el Departamento de Guerra, el presupuesto se elevó sustancialmente y empezaron a construirse laboratorios dedicados al proyecto. Primero se tuvo que descubrir la manera de obtener uranio 235 y plutonio 238, y se construyeron los reactores para producirlos. En 1943 empezó la fase experimental con la construcción de varios laboratorios especiales, el más importante en el desierto de Los Álamos, en Nuevo México, donde se aisló a un grupo de los mejores científicos bajo la dirección de Robert Openheimer. A mediados de 1945 se había conseguido el plutonio 239 necesario y llegó el momento de probar la bomba. La primera explosión se produjo a las 5:30 h de la mañana del 16 de julio de 1945, al sur de Alburquerque, Nuevo México. El presupuesto del proyecto había alcanzado los dos mil millones de dólares.

geometría y el electromagnetismo seguía ligado a ondas y partículas. Los cuantos de energía eran como proyectiles que no se dejaban atrapar en figuras con lados y ángulos definidos.

Durante todos esos años, en Princeton no dejó de buscar las fórmulas adecuadas, y en varias ocasiones anunció haber dado con la respuesta a la unificación. El mundo seguía pendiente de él. Incluso se publicaron complicadísimos artículos llenos de fórmulas inasequibles para los profanos y para muchos expertos. Pero siempre se acababa demostrando que estaban equivocadas, y Einstein reconocía sus errores.

En 1941 recibió la nacionalidad estadounidense. Prestó juramento en Trenton, New Jersey. Ese año ofreció un concierto para ayudar a la infancia. En diciembre, el día del bombardeo de Pearl Harbour, grabó un mensaje de radio para ser emitido en Alemania en contra de la guerra, como venía haciendo periódicamente Thomas Mann.

En 1944 se subastó en Kansas City una copia del primer manuscrito que Einstein había escrito en 1905 sobre el movimiento electrodinámico de los cuerpos. Los seis millones de dólares obtenidos fueron destinados a financiar la guerra. Einstein quería colaborar en el esfuerzo de la guerra. La amenaza nazi hacia su pueblo era tan terrible y evidente que no escatimó esfuerzos para acabar con semejante locura. Seguramente, hay más de una copia de ese manuscrito de su propia mano en museos y colecciones particulares.

En agosto de 1945 se lanzaron las primeras bombas atómicas sobre Hiroshima y Nagasaki. El horror que le provocó hizo que se arrepintiera mil veces de haber escrito aquella carta a Roosevelt y que presidiera el Comité de Emergencia de Científicos Nucleares, organizado para impedir una guerra nuclear.

Cuando acabó la guerra, los científicos alemanes explicaron que nunca habían pretendido fabricar una bomba atómica, sino que sus proyectos se dirigían hacia el uso civil de la energía nuclear. Por lo que pudo saberse más tarde, Hitler nunca estuvo muy interesado en la ciencia, y esos proyectos ni siquiera se pusieron en marcha. Después de la guerra, Heisenberg volvió a Alemania para ayudar en la construcción del primer reactor nuclear para la producción de energía eléctrica de su país.

Último movimiento

La última parte de la vida de un hombre siempre es el relato de una decadencia. Sin tiempo para las anécdotas, se parece a un descenso hacia la nada. Se mueren los amigos, se pierden facultades... A pesar de que Einstein sufrió también el peso de la edad, nunca perdió las ganas de trabajar y conservó la mente en muy buen estado hasta el último momento. Su tesón y su curiosidad inagotable lo habían convertido para muchas personas en el símbolo de lo que podía llegar a lograr la mente humana. Con los años aceptó –no sin un saludable escepticismo y una ironía un tanto zumbona– ser considerado el máximo exponente de la inteligencia, pero nunca se creyó superior, aunque sí con una responsabilidad enorme porque todas las palabras que decía en público eran consideradas como una declaración, y en ese aspecto no bromeaba.

En 1948 murió su primera mujer, Mileva, en Zúrich. Su hermana Maja estuvo enferma desde 1945 hasta 1951, año en que murió. Vivía con Einstein, y éste le leía por las tardes algunos capítulos de libros clásicos, para animarla y para animarse. En 1947 se celebró el 250 aniversario de la Universidad de Princeton, y hubo desfile, con Einstein y el presidente Truman a la cabeza.

Por supuesto, en casa de Einstein conocían y conocieron a muchas personalidades y nunca faltaban invitados célebres, artistas, científicos o políticos a su mesa dispuestos a una charla o a una felicitación. En 1947 se descubrieron las cualidades de los mesones, que confirmaban una vez más sus

Notas autobiográficas

Einstein siempre se negó a escribir su biografía. Persuadido finalmente por Paul Arthur Schilpp, un profesor de filosofía que había publicado varios libros sobre grandes filósofos vivos, decidió escribir, con sesenta y siete años, unas *Notas autobiográficas* (*Autobiographisches*) que él llamaba en broma «su nota necrológica», en la que apenas hablaba de su vida, salvo de las cosas que lo impresionaron, como el hallazgo de la brújula y el descubrimiento de la geometría cuando era niño. En su mayor parte, el libro es una discusión científica y filosófica que aporta poco a los detalles de su vida privada, pero que proporciona las indicaciones necesarias para comprender su pensamiento.

Cuando le pidieron, en 1942, que escribiera el prólogo a una biografía respondió: «En mi opinión sólo hay una forma de conseguir que el público preste atención a un gran científico: discutir y explicar, en un lenguaje asequible para todos, los problemas y las soluciones que han caracterizado el trabajo de su vida [...]. La vida externa y las relaciones personales sólo pueden tener, en líneas generales, una importancia secundaria».

teorías gravitatorias, pero Einstein se limitaba a sonreír y dejarse felicitar por los nuevos físicos. Ni siquiera pretendía ponerse al día leyendo publicaciones especializadas. Su teléfono no paraba de sonar y Helena Dukas apenas podía atenderlo. Einstein era demasiado conocido. Además, estaba enfermo, el aneurisma no dejaba de molestarlo, tenía el vientre descompuesto, no podía fumar y se las ingeniaba para hacerlo a escondidas, mientras paseaba. En 1948 fue operado en el hospital judío de Brooklyn, en Nueva York. Tenía problemas con el corazón, el hígado y los intestinos. Como ocurrió con Nietzsche, también hubo quien sugirió –en concreto, el médico János Pletsch– que sus males procedían de una sífilis mal curada que contrajo en su juventud.

En 1949 se celebró su setenta cumpleaños. Se celebró un simposio para recordar sus descubrimientos. Einstein reconoció, en una carta enviada a un amigo, que no estaba seguro de que todo cuanto había descubierto se mantuviera en el futuro como cierto. Su humildad era equiparable a su inteligencia.

En 1951 escribió a la reina de Bélgica una carta llena de tristeza. En ella le comunicaba que ya no podría volver a visitarla, que había dejado el violín por culpa de los años y que no se podía alejar mucho de su casa, por las dificultades inherentes a la edad y porque la fama se había convertido en una piedra muy pesada. Su hermana Maja murió de una pulmonía aquel verano. Su hijo menor, Eduard, estaba en un sanatorio para enfermos mentales, y su hijo mayor, Hans Albert, era profesor de ingeniería hidráulica en Berkeley, California, pero no se llevaba muy bien con él por el abandono de Mileva, su madre. Al parecer, Einstein tuvo una hija con una bailarina de Nueva York, pero desapareció y se supone que fue dada en adopción.

En 1952, año en que murió Chaim Weizmann, el hombre que lo llevó por primera vez a Estados Unidos y que luego fue primer presidente de Israel, le fue ofrecida la presidencia de este país. Después de los crímenes nazis, Einstein se sentía

La enunciación de las teorías que han obligado a reconsiderar nuestra concepción del universo y su apasionada defensa del pacifismo han hecho de Albert Einstein una de las personalidades más conocidas del siglo XX.

muy unido al pueblo judío y se sintió emocionado, pero no tenía fuerzas ni se consideraba capacitado, por lo que rechazó la propuesta.

En 1953 se celebró una gran fiesta de cumpleaños para financiar la construcción del Albet Einstein College of Medecine. Se había convertido en un anciano venerable de setenta y cuatro años, de tez arrugada, cabellos irremisiblemente largos, la mirada llena de una picardía irresistible, un plumón blanco sobre los labios y muchas ganas de combatirlo todo todavía. Hasta el día de su muerte, con setenta y seis, trató de unir a los científicos de todo el mundo para luchar contra la guerra y por la paz, con cierta ingenuidad quizás, pero consciente de que no hubiera dormido tranquilo de no hacerlo.

Sabía que había perdido capacidad para las matemáticas y que le faltaba mucho camino para conseguir lo que él quería. En sus últimos años se concentró más en sí mismo, como corresponde a un anciano, pero nunca dejó de tener la mente lo bastante despierta como para conservar su independencia.

En 1954 criticó los métodos del senador McCarthy y en una carta pública llamó a los intelectuales a negarse a declarar y a estar dispuestos a someterse a encierro y a la pérdida de todos sus bienes por la defensa de la libertad de pensamiento y de la cultura en general.

Si hubiera sido otro quien escribiera esa carta, probablemente hubiera ido a la cárcel, pero Einstein era una persona muy respetada y estaba muy lejos de que lo consideraran sospechoso de atentar contra la seguridad nacional.

En marzo de 1955 murió su amigo Michele Besso, la única persona que figura en su primer artículo sobre la teoría de la relatividad. A Einstein le quedaban pocos días de vida. Tuvo tiempo de firmar un manifiesto junto con el filósofo Bertrand

Sus ideales

Después de su muerte, sobre su escritorio se encontró
el comunicado incompleto que estaba escribiendo para
la celebración del día de la independencia de Israel. En el texto
ponía: «Lo que yo quisiera es conseguir algo tan simple,
con mi escasa capacidad, como servir a la verdad y a la justicia,
aun con el riesgo de no convencer a nadie».

Russell por la paz mundial y contra el peligro nuclear, y estuvo en contacto con las autoridades de Israel para preparar una declaración de paz con los palestinos en la celebración del séptimo aniversario del Estado de Israel. Pero no llegó a ver nada de esto realizado.

El 15 de abril fue trasladado al hospital de Princeton. Einstein aceptaba la muerte como algo natural. Pensaba en ella de un modo racional. Una vez muerto se acababan el sufrimiento y los peligros.

Einstein murió en la madrugada del 18 de abril de 1955. Según sus deseos, fue incinerado en una ceremonia íntima y nadie sabe dónde han ido a parar sus cenizas. No quería que ningún lugar se convirtiese en un centro de peregrinación por su culpa. Es probable que, teniendo en cuenta su amor por la navegación, fueran esparcidas en algún lago o en el mar, pero esto no son más que especulaciones. Lo único cierto es que su espíritu sigue con nosotros y, si no entendemos el aspecto científico de sus descubrimientos, podemos quedarnos con su amor inquebrantable por la paz y la libertad sobre todas las cosas, su falta de ambiciones materiales y su sencillez natural.

La teoría de la relatividad

Einstein tuvo la suerte de escuchar una música a la que muy poco hombres tienen acceso. Se puede manifestar de muchas maneras, en forma de música, de estructuras matemáticas o de ideas revolucionarias. Pero sin el entusiasmo y el trabajo que abren el camino a la inspiración, ni siquiera Einstein hubiera tenido la intuición que lo llevó a desarrollar la teoría de la relatividad.

Otro aspecto que cabe tener en cuenta es el ámbito de la curiosidad. Si una persona se pregunta con intensidad cuál será la mejor manera de obtener una fotografía a contraluz es posible que tenga una inspiración en ese sentido. Para llegar a las conclusiones de Einstein tendría que pensar en la velocidad de la luz y en la gravedad, y tener una cierta intuición matemática. Einstein pertenecía a esa clase de hombres que necesitan saber el porqué de las cosas, la razón primera y última, el funcionamiento del universo. La necesidad de abarcarlo todo conduce al deseo de encontrar las leyes que explican el movimiento, la luz, el sonido, los aspectos básicos del mundo que nos rodea.

Antes de Einstein, otros hombres tuvieron las mismas inquietudes y establecieron las bases para que el muchacho que tenía dieciséis años se preguntara qué sucedería si alcanzaba la velocidad de la luz. Galileo, Copérnico, Kepler, Newton, Faraday y Maxwell, entre otros, le aportaron los conocimientos a partir de los cuales podía buscar nuevos horizontes.

Por otro lado, a Einstein nunca le gustó demasiado el mundo que le rodeaba, una Alemania obsesionada por dictar el pensamiento. El mundo era demasiado cruel e incongruente, incomprensible. En cambio, las matemáticas eran inmutables, la naturaleza se regía por leyes estrictas, como una música que subyace a todas las cosas, la música que Mozart oía a su manera, en el vacío, y transcribía, la música que Einstein oía a su manera y quiso transcribir durante toda su vida.

La sencillez de lo comprensible

Para comprender a Einstein hay que conocer los principios de la física clásica establecidos por Isaac Newton. Por supuesto, también convendría conocer los principios de la geometría y los descubrimientos de todos los físicos anteriores al siglo xx, pero como sólo podemos valernos de unos esbozos, nos aproximaremos al genio con prudencia y veremos algunas de las sombras que proyectaban sus ideas.

Para Newton, el espacio absoluto –total y completo– siempre había de permanecer igual e inamovible y unas partes del espacio no podían distinguirse de otras. También aseguró que el tiempo absoluto –el que rige para todo– fluye igualmente sin relación a nada externo. El tiempo objetivo –el que se establece para los relojes– podía medirse por el movimiento, por ejemplo, por el paso del Sol sobre el firmamento. Las leyes de Newton afirman que un cuerpo aislado que no sufra ninguna acción por parte de otros cuerpos no variará su condición y que para mover un cuerpo se ha de aplicar una fuerza proporcional a su masa. Esa masa se conoce como *masa inerte*.

Pero Newton fue mucho más lejos. Descubrió la *Ley de la gravitación universal*, que afirma que los cuerpos se atraen con más fuerza cuanto mayores son, en relación directa con el producto de sus masas, y con menos fuerza a medida que se separan, con una disminución proporcional al cuadrado de la distancia entre sus centros de gravedad. El misterio de la gravedad radica en que cada partícula tiene su propia gravedad, pero es insignificante; sin embargo, la unión de muchas partículas hace que esa fuerza se sume, por lo que acaba siendo enorme en el caso de los planetas y las estrellas, hasta el punto de afectar el movimiento de todos los cuerpos a su alcance.

La gravedad de nuestro planeta hace que cualquier cuerpo que caiga en el vacío experimente una aceleración de 9,8 m/s^2, es decir, que si caemos en un pozo sin aire –sin rozamiento– alcanzaremos los 35,28 km/h después de un segundo de empezar a caer y los 100 km/h en 2,8 segundos, y eso sucederá a cualquier cuerpo, pues la gravedad se ejerce por igual sobre todos los objetos que caen bajo su influencia.

Cualquier objeto que vague por el espacio tiene su propia gravedad, sea una pequeña piedra o un asteroide. Si su forma es irregular, su centro de gravedad tendrá que calcularse por métodos geométricos. Newton dejó sin explicación las causas de la gravedad. Einstein trató durante muchos años de encontrar esa explicación, y desarrolló la teoría general de la relatividad. Pero tardó mucho tiempo en desarrollar las ecuaciones que explicaban lo que nosotros sólo podemos entrever. Para ello tuvo que añadirle al espacio el tiempo e imaginar que ambos formaban el sustrato de la materia, un continuo llamado espacio-tiempo que se curva en presencia de la materia. Esa curvatura es la gravedad. Cuesta comprenderlo, sobre todo cuando todas las cosas caen en línea recta ante nuestros ojos. No obstante, hemos de pensar en el ámbito planetario, y los planetas trazan amplias curvas en torno a las estrellas. Siempre podemos imaginar que las curvas convergen en el centro de los astros y que sobre la superficie de la Tierra adquieren la verticalidad, pero ésta sería una explicación demasiado simple. Vayamos por pasos.

Isaac Newton (1642–1727)

Nacido en Inglaterra, fue el físico y matemático más importante del siglo XVII y probablemente de toda la historia hasta Einstein. En óptica, descubrió la composición de la luz blanca. En mecánica, sentó los principios de la nueva física, que culminó con la *Ley de la gravitación universal*. En matemáticas, fue el descubridor del cálculo infinitesimal (inventado casi al mismo tiempo por Leibniz). Su obra, escrita en 1687, *Philosophiae Naturalis Principia Mathematica* (*Principios matemáticos de filosofía natural*), comúnmente llamada *Principia*, es una de las aportaciones científicas más importantes de la historia. Vivió en una época de intensa religiosidad, en la que todo funcionaba, como el mismo Newton no dudaba en afirmar, con la inestimable ayuda de Dios, pues éste había dictado todas las leyes que descubrían los hombres. Al parecer tuvo un carácter irascible, solitario y era profundamente misógino. Einstein dijo de él que era maravilloso, que sus trabajos se hubieran realizado en condiciones que hubiesen aplastado a hombres más insignificantes. Newton realizó sus mayores logros cuando tenía veinticuatro años; Einstein cuando tenía veinticinco.

Galileo se había dado cuenta de que si dejamos caer un objeto en la bodega de un barco en movimiento, caerá en línea recta para quienes estén observándolo en ese mismo lugar. Sin embargo, si pudiera verse desde un lugar que no se moviese con respecto al barco, por ejemplo, un islote, el objeto se vería caer mientras describe una línea curvada hacia delante, acompañando el movimiento de avance del barco.

Lo mismo sucede cuando dejamos caer un objeto en el interior de un tren, un ejemplo más moderno. Visto desde el exterior, caerá siguiendo una curva tanto más acentuada cuanto más rápido viaje el tren, pero para el viajero caerá tranquilamente y en línea recta a sus pies. Einstein pensaba en la luz. Un rayo de luz no se vería influido por el avance del tren y el aire que contiene, como los demás objetos. Si se emitiese un

Una trasposición moderna del experimento de Galileo. A: el piloto del avión observa cómo la pelota, al caer, describe un movimiento rectilíneo, ya que se mueve al mismo tiempo que el avión y el objetivo lanzado. B: en cambio, para quienes se mantengan quietos en un punto, la pelota describirá una trayectoria curva por efecto de la gravedad.

rayo de luz desde el suelo de un vagón en movimiento y se hiciese rebotar en el techo, no caería exactamente en el mismo punto de emisión, sino un poco más atrás, al desplazarse hacia delante el suelo del tren. Visto desde el exterior, habrá recorrido un camino un poco más largo –un triángulo isósceles– y habrá tardado más tiempo en hacer el recorrido que si el tren hubiera estado parado. Tengamos en cuenta esta peculiaridad de la luz, que no se deja influir por la velocidad de los sistemas de referencia, como el tren, que es un sistema de referencia con respecto a todo lo que sucede dentro de él, debido a su movimiento uniforme.

Sistemas de referencia

Volvamos a imaginarnos que estamos viajando. Un sistema de referencia es aquel que utilizamos para calcular nuestra velocidad cuando nos movemos. Por regla general, la velocidad se mide con relación al suelo, pero cuando nos hallamos a bordo de un tren, un barco o un avión, nuestros movimientos y nuestra velocidad se miden con relación al suelo del tren, el barco o el avión. Aunque por lo general no nos planteamos estas cuestiones, vale la pena saber que cuando caminamos por el pasillo de un avión que viaja a 1.000 km/h, nuestra velocidad con respecto a la tierra es de unos 1.004 km/h, y aun así, si se nos cae un lápiz lo hace en línea recta. ¿Por qué? Porque el avión se mueve con una velocidad constante, y en su interior se cumplen las mismas leyes que sobre el suelo de la Tierra. Esto es debido a que en todos los sistemas de referencia con movimiento uniforme se cumplen las mismas leyes, y la Tierra es uno de ellos.

¿Hay algún sistema de referencia absoluto, es decir, que no se mueva con respecto a nada? La respuesta es... que no se conoce, porque la Tierra se mueve alrededor del Sol a unos 30 km/s, (más de 100.000 km/h). Además, debido a la rotación de la Tierra, todo lo que se halla sobre el planeta da una vuelta completa en veinticuatro horas. La mayor distancia se recorre en el ecuador, donde cualquier punto da una vuelta de unos 40.000 km cada día a más de 1.600.000 km/h, pero como esa velocidad es constante no influye sobre la caída de los cuerpos. Sí lo hace sobre las masas de aire, debido al rozamiento, pero ésa es una historia muy diferente.

Tampoco podemos establecer el Sol como punto de referencia, porque el Sol viaja alrededor de la Vía Láctea, y ésta se aleja de algún lugar en el universo. Todo se mueve con relación a algún sistema de referencia, y no hay manera de saber qué velocidad absoluta tiene porque no conocemos ningún punto en reposo absoluto.

Sin embargo, un cuerpo —como la Tierra o un avión— que se mueva con una velocidad constante se puede considerar in-

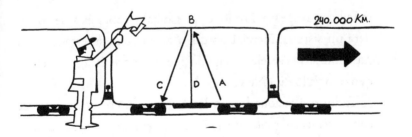

Otro ejemplo que demuestra cómo espacio y tiempo están íntimamente ligados: en el interior de un vagón de un tren de mantenimiento, se proyecta un rayo (A) que refleja en el techo (B) y cae en un punto más atrasado. (C). El ángulo de emisión y reflexión varía según la velocidad del tren y el tiempo transcurrido, pero nunca coincide con la mediana del triángulo formado.

La memoria del pasado

Llevamos casi medio siglo viajando en el tiempo y en el espacio desde que Einstein vivió y murió en este planeta, que se hallaba entonces en otro lugar, ya que nuestro Sol y nuestra galaxia viajan a una velocidad considerable a través del universo, y nosotros con ellos. Si alguien quiere plantearse un reto intelectual, sólo tiene que pensar que aunque se consiguiera una máquina que pudiera leer las huellas del pasado, esas huellas permanecen muy atrás, a millones de kilómetros de distancia de nuestra posición actual en el vacío del espacio. Muchas de esas huellas viajan con nosotros, en forma de manuscritos, objetos que pertenecieron a Einstein (su escritorio, la pipa, el violín...) y desde luego sus descubrimientos, que son de todos y que permanecen inalterables gracias a la memoria que se superpone al paso del tiempo. En todo caso, un viaje hacia el pasado tendría que ser también un viaje en el espacio hacia un lugar que abandonamos hace muchos años.

móvil con respecto a todo lo que se halle sobre él, y se considera un sistema inercial porque no cambiará su estado ni su posición si no se ejerce alguna fuerza sobre él. Recordemos que esto ya lo dijo Newton.

Todo lo relacionado con los sistemas inerciales se conoce como *relatividad galileo-newtoniana*. Sin embargo, si vamos dentro de un coche a velocidad constante y se detiene de golpe, sufriremos una aceleración hacia delante sin que ninguna fuerza haya actuado sobre nosotros. Este sistema no cumple las leyes de Newton y se llama *sistema no inercial*. Si el vehículo en el que nos desplazamos frena o acelera, no podemos esperar que un lápiz caiga en línea recta; nosotros mismos nos veremos impulsados hacia delante o empujados hacia el asiento. Resulta maravilloso saber que si la velocidad es constante, sin embargo, todo sucede según las mismas normas que si estuviera quieto en el espacio, siempre que se trate de vehículos cerrados en los que no haya que tener en cuenta el rozamiento del aire.

El éter invisible

Ahora ya conocemos uno de los postulados de los que partió la teoría de la relatividad especial, pero lo que interesaba a Einstein eran las peculiaridades de la luz con respecto a los sistemas de referencia. Sigamos adelante.

Cuando emitimos un sonido, el aire se ondula y las ondas se transmiten a cierta distancia, hasta que pierden impulso y desaparecen. Si extraemos el aire, el sonido no se puede transmitir; en el espacio el silencio es absoluto. La luz, sin embargo, se transmite con una velocidad constante a través del vacío del espacio, desde las estrellas más lejanas, y llega a nosotros sin haber perdido un ápice de su impulso.

En el siglo xix, los físicos pensaban que el éter era el medio a través del cual se desplazaba la luz, y que estaba en todas partes, subyacente a todo lo existente.

Pero el éter no sólo explicaba la transmisión de la luz. Cuando se descubrió la electricidad, se planteó el problema de su transmisión. Las cargas eléctricas se transmiten de un cuerpo a otro. Pueden ser positivas o negativas. Si son iguales se repelen y si son diferentes se atraen según una fórmula desarrollada por el físico francés Coulomb, muy parecida a la de la gravitación universal, proporcional al producto de la carga de ambos cuerpos e inversamente proporcional al cuadrado de la distancia que las separa, una buena razón para que un hombre curioso buscara otras coincidencias entre la gravedad y las ondas electromagnéticas. En realidad, esto es lo que buscó Einstein durante buena parte de su vida, sin encontrarlo.

¿Pero cómo pasan las cargas eléctricas de un cuerpo a otro a través del vacío? Lo hacen por medio de un campo eléctrico, una zona del espacio que rodea la carga y está bajo su influencia. Los campos magnéticos están asociados a los eléctricos, de ahí que ambos se unan en la fuerza electromagnética. Se pueden visualizar poniendo limaduras de hierro en un papel que esté sobre un imán. Las limaduras enseguida adoptan la forma del campo magnético.

Éste y otros misterios despertaron de buen principio la curiosidad de Einstein, que estudiaba los últimos descubrimientos sobre los campos eléctricos y la velocidad de las cargas eléctricas, y sacaba sus propias conclusiones mientras trabajaba en la oficina de patentes.

El físico escocés James Clerk Maxwell demostró en 1864 que los campos eléctricos crean campos magnéticos y éstos a su vez crean campos eléctricos, y así sucesivamente. Desde entonces se conocen como campos electromagnéticos y su desplazamiento se conoce como *radiación electromagnética*. Maxwell reveló que la radiación electromagnética se propaga a través del vacío como una onda cuando se agita un cuerpo cargado de electricidad, y descubrió que se desplaza a la velocidad de la luz y las ecuaciones fundamentales de su propagación.

Para Maxwell, los fenómenos eléctricos, magnéticos y electromagnéticos, como la luz, eran diferentes tipos de deforma-

James Clerk Maxwell (1831–1879)

Físico escocés cuyos descubrimientos sobre la radiación electromagnética, basados en las observaciones de Faraday de las líneas del campo eléctrico, abrieron el camino a la teoría de la relatividad especial de Einstein, que relaciona la masa y la energía. También abrió el camino al desarrollo de la teoría de los cuantos de Planck. Y tuvo una debilidad: se inventó el diablo de Maxwell para saltarse el segundo principio de la termodinámica, de modo que un diablillo espabilado pudiese utilizar el exceso de energía de las moléculas más vigorosas de un depósito lleno de gas para generar vapor sin pérdida aparente de calor, logrando el movimiento perpetuo.
En 1950 Leon Brillouin demostró la falsedad de esta premisa.

ciones que se desplazaban a través del éter. Como la luz es una pequeña parte de la radiación electromagnética, en sentido estricto no es más que una onda de deformación propagándose a través del éter.

Volvamos un momento a Newton. Éste veía la luz como una especie de pequeñísimos corpúsculos procedentes del Sol que rebotaban en los objetos y nos llegaban a los ojos permitiéndonos ver todas las cosas. Por eso, de noche no se puede ver. Para haber llegado a este razonamiento, en su época había que ser un genio. Sin embargo, ya en su época, otros científicos pensaban que la luz era una onda que se transmite a través del éter como el sonido a través del aire, igual que las ondas en la superficie del agua.

Ahora retornemos a Maxwell. Éste descubrió que esas ondas pueden tener una mayor o menor amplitud, cualidad que

La luz

La luz es una pequeña porción de la radiación electromagnética que puede ser detectada por el ojo humano. Se comporta como una onda, pero también, como demostró Einstein, como una partícula, y se transmite en forma de múltiplos enteros de una unidad indivisible, el fotón o cuanto de energía, descubierto por Max Planck. La longitud de onda que el ojo humano puede ver, la banda visible del espectro electromagnético, va desde el rojo hasta el violeta, pasando por el amarillo, el verde y el azul. En los extremos de la banda visible se hallan los rayos infrarrojos y los rayos ultravioleta, invisibles para nosotros. La velocidad de la luz en el vacío es una constante universal cuyo valor aceptado es de 299.792 km/s.

da lugar a toda la gama de la radiación electromagnética, de la cual forma parte la luz. El ojo humano está adaptado para percibir sólo las ondas que tienen entre 4.000 y 7.250 ángstrom (Å) de amplitud, suficientes para observar todos los colores. El resto de la radiación es invisible para nosotros. El descubrimiento fue mucho más importante de lo que puede pensarse: en la medida en que las ondas electromagnéticas –sea cual fuere el tipo– se pueden producir haciendo oscilar una carga eléctrica, el italiano Guillermo Marconi desarrolló la telegrafía sin hilos. De hecho, ése es también el principio según el cual funciona la telefonía móvil actualmente.

Vamos a familiarizarnos un poco con las unidades que Einstein hacía servir a diario. La frecuencia de la radiación electromagnética se mide en hercios (Hz). Un hercio equivale a una onda por segundo, y como su velocidad siempre será de 300.000 km/s tendrá esa amplitud. 10 Hz equivalen a diez ondas u oscilaciones por segundo, cada una de 30.000 km de amplitud. Cuanto más estrecha sea una onda, más oscilaciones por segundo tendrá que hacer para cubrir la misma distancia en un segundo y, por tanto, mayores serán su frecuencia y su energía. Los rayos gamma son los que poseen mayor energía. La luz visible está en torno a 10^{15} Hz, unos mil billones de oscilaciones por segundo. A medida que disminuye la frecuencia y las ondas son más amplias, la radiación se transforma en lo que se denominan ondas de radar, microondas, ondas de televisión y por último ondas de radio, que llegan a tener una frecuencia de un hercio y una energía pequeñísima, en torno a 10-15 electrón volts. Los sistemas de comunicación de los submarinos recurren a esos niveles tan bajos, por su poder de penetración y su silencio.

El desplazamiento de las ondas lleva asociada una energía que se mide en electrón volts, la energía del fotón. Un fotón

Ångstrom

Unidad de medida establecida en el siglo XIX para medir la longitud de onda de la luz, igual a 10^{-10} metros, cuyo símbolo es Å. Su creador fue el físico sueco Jonas Ångström. También se utiliza para medir distancias moleculares y el espesor de las láminas de los líquidos. La longitud se onda se escribe con el símbolo λ (lambda). La longitud de onda de la luz oscila entre 4.000 y 7.250 Å, que equivale a entre 400 y 725 milimicras (mμ), o su equivalencia en cm: entre 4×10^{-5} cm y 7×10^{-5} cm.

de luz visible tiene alrededor de un electrón volt, elegido así por convenio. Los fotones de los rayos gamma alcanzan miles de millones de electrón volts y son sumamente destructivos, a causa de su altísima energía.

Einstein utilizaba estas unidades con normalidad, y su conocimiento nos acerca un poco al número complejo de datos que llenaban su mente cuando meditaba sobre la velocidad de la luz y las ondas.

El viento del éter

Si la radiación electromagnética –la luz, en definitiva– se desplaza por medio de ondas, necesita un medio a través del cual pueda desplazarse por el vacío del espacio. Los científicos del siglo XIX dedujeron que lo hace a través del éter, una sustancia inmóvil y sin masa que se atraviesa sin ofrecer resistencia alguna, y que está presente en todo el universo.

También suponían que si la Tierra se desplaza a través del éter y éste permanece inmóvil, nuestra velocidad ha de influir en la velocidad de la luz. Dado que la Tierra se mueve a unos 30 km/s a través del espacio, la velocidad de la luz que viene en nuestra dirección debería impactar contra nosotros a 300.030 km/s, y si vamos en su misma dirección, deberíamos poder restarle esa velocidad.

James Clerk Maxwell propuso hacer un experimento para comprobarlo en 1875, pero fue Albert Abraham Michelson, de padres polacos emigrados a Estados Unidos, quien lo llevó a cabo en 1881. Era profesor de física y química en la Academia Naval de los Estados Unidos, pero consiguió una beca para estudiar en la Universidad de Berlín, donde llevó a cabo el experimento, y fracasó: la velocidad de la luz siempre era la misma en todas las direcciones.

No obstante, se quedó con las ganas de volver a intentarlo. Dejó la Marina y se hizo profesor de física en Cleveland, Ohio, EUA, donde encontró un amigo dispuesto a repetir el experimento de forma mucho más sofisticada, Edward William Morley, profesor de química en la cercana Universidad Western Reserve. Resultaban una pareja algo chocante, pues Michelson era un modelo de *gentleman* y Morley era algo desastrado y sobrado de cabellos.

El experimento de Michelson Morley

Llevaron a cabo el experimento en el sótano del laboratorio de Michelson, en la Case School of Applied Science, en 1887. Conocido como *el experimento de Michelson-Morley*, sirvió de referencia para muchos estudios posteriores. Montaron el aparato para medir la velocidad de la luz sobre un bloque de piedra que flotaba sobre un recipiente lleno de mercurio para eliminar vibraciones. El ensayo consistía en hacer recorrer la máxima distancia posible, por medio de espejos, a dos rayos de luz: uno paralelo al viento del éter y el otro perpendicular. El rayo que fuera paralelo al viento del éter se vería afectado por éste y su velocidad sería más lenta que el rayo perpendicular.

En su época se creó una gran expectación, pero el experimento fracasó. La velocidad de la luz siempre era la misma, en cualquier dirección. Michelson y Morley repitieron el experimento de forma más perfeccionada y volvieron a fracasar. Todas las pruebas que se realizaron posteriormente, aun con relojes atómicos, no encontraron el menor indicio del viento del éter. La velocidad se obstinaba en mantenerse constante, tanto si la luz avanzaba en la misma dirección que el viento del éter como perpendicularmente.

La única explicación posible, descartado el hecho de que la Tierra se mantuviera inmóvil, era que el viento del éter avanzaba a la misma velocidad que el planeta, como el aire dentro de un tren cerrado. Un físico irlandés, George Francis FitzGerald, propuso la extravagante idea de que el viento del éter ejercía una presión sobre los objetos a los que se enfrentaba y los hacía encogerse imperceptiblemente a las velocidades a las que estamos habituados. El físico holandés, Hendrik Antoon Lorentz, llegó a la misma conclusión y la expresó matemáticamente. Los objetos se encogerían según una fórmula de una sencillez tan grande que merece la pena anotarla, aunque sólo sea para poder hacer nuestros propios cálculos, y porque tendrá utilidad más adelante. La fórmula de Lorentz es $\sqrt{1- (v^2/c^2)}$, donde v es la velocidad del objeto, y c es la velocidad de la luz. De esta ecuación, que cuantifica el grado de encogimiento experimentado, se deduce que para apreciar la reducción hay que acudir a velocidades cercanas a la de la luz.

La teoría de FitzGerald-Lorentz explicaba el fracaso del experimento de Michelson-Morley. Todos los objetos, incluso la regla que podía medirlos, se encogían de tal manera que era imposible comprobarlo. Cualquier cosa en movimiento sufría el mismo encogimiento en la dirección del viento del éter. Lorentz añadió además que los relojes también se atrasaban cuando avanzaban en la dirección del viento del éter.

Si todo se reduce y no hay manera de comprobarlo, el universo entero podría cualquier día amanecer más pequeño y no nos daríamos cuenta. La idea era desesperante.

Hendrik Antoon Lorentz (1853-1928)

Físico alemán, doctorado en Leiden. Sugirió que los átomos de la materia podían consistir en partículas cargadas eléctricamente, los electrones, y que sus oscilaciones podían ser la causa de la luz. La demostración de que esto era cierto, conocida como *efecto Zeeman*, llevó a Lorentz y a Zeeman al premio Nobel en 1902. Lorentz nos interesa, sin embargo, por su idea de que los objetos y el tiempo se contraen a medida que se acercan a la velocidad de la luz. En 1904 le dio forma a sus teorías con las transformaciones de Lorentz, que expresan la proporción en que aumenta la masa y se acorta el tiempo al aumentar la velocidad. Estas fórmulas son básicas en la teoría de la relatividad de Einstein.

El matemático y astrónomo francés Henry Poincaré sugirió algo parecido en 1904 y argumentó que, si el tamaño disminuye, la masa de un cuerpo aumenta al aumentar su velocidad y que la velocidad máxima que se puede alcanzar es la velocidad de la luz, conceptos que forman parte de la teoría de la relatividad especial de Einstein.

Relaciones universales

Como se ve, muchos de los principios que argumenta la relatividad especial ya se habían descrito antes. Einstein pareció no darles mucha importancia, pero no cabe duda de que estaba al caso de todos los experimentos. Más tarde aseguraría que se sintió influido sobre todo por el físico-filósofo austriaco Ernst Mach, que propuso una crítica de las teorías de Newton.

Ernst Mach decía que las estrellas y toda la materia existente en el cosmos determinaban su estructura espacio temporal. Sin ellas no existirían los campos gravitatorios, la luz no sabría por dónde ir y la Tierra no sería redonda. Todos los cuerpos celestes influyen unos sobre otros y entre todos le dan forma a la estructura del universo, al tiempo y al espacio. Si la Tierra estuviera sola en el universo no se podría decir ni tan solo que giraba, porque no habría nada contra lo que compararla. Einstein quedó impresionado, y llamó *principio de Mach* a las teorías de su colega. Einstein tenía claro que la inercia de una masa depende de compararla con las demás. Una partícula sola en el espacio y lo bastante lejos de las demás no tendría inercia –y, por lo tanto, masa–. Hoy día, la certeza de estas teorías está en entredicho, pero no se ha podido demostrar que sean falsas. Es probable que hasta la galaxia más lejana del universo tenga su pequeña influencia en nuestros movimientos, es decir, en la estructura del espacio-tiempo que nos envuelve.

La arruga es materia

De alguna manera, Einstein, que ni siquiera se preocupó de la existencia del éter, consideró el espacio-tiempo una especie de éter capaz de doblarse sobre sí mismo, pero no como una gelatina, como se creía antes, sino como algo mucho más tenue y misterioso. Cuando el éter se extiende uniformemente y está estirado, se comporta como el vacío, y cuando el éter se arruga y está doblado, aparece en forma de materia.

Para imaginarlo pensemos en la corriente de un río. En un cauce amplio y limpio, y si no tenemos en cuenta el rozamiento contra el fondo y las orillas, el agua se desplazaría como el espacio-tiempo, con una homogeneidad perfecta. En un cauce lleno de obstáculos, la corriente se distorsiona, empieza a formar curvas y ondas que se yuxtaponen hasta hacer casi imprevisible su movimiento. Si los obstáculos son lo bastante grandes se forman remolinos, el agua vuelve atrás o gira en redondo, dando lugar a zonas muertas donde las ramas giran sin poder escapar o se acumulan en esquinas sin movimiento. El espacio-tiempo reúne todas estas características.

Mach se dio cuenta de que las relaciones entre los objetos presentes en el universo no eran tan sencillas como había propuesto Newton. Cuando intentamos mover una piedra, por ejemplo, ofrece una resistencia que no sólo es debida a la atracción de la gravedad terrestre. La inercia de esa piedra tiene que ver también con los astros y las estrellas que hay en el firmamento, pues todas ejercen su influencia sobre ella, empezando por la Luna, del mismo modo que la Luna y el Sol provocan las mareas. Einstein escribió a Mach para felicitarlo por esta idea. Si las observaciones del austriaco eran ciertas, la inercia se originaba en una especie de interacción entre todos los cuerpos presentes en el espacio.

Otro matemático a tener en cuenta es el alemán Bernhard Riemann (1826-1866), que desarrolló las matemáticas del espacio curvo. Con treinta y nueve años, tuberculoso, junto al lago Maggiore, en los Alpes italianos, prácticamente en su lecho de muerte, estaba convencido de que el espacio podía ser curvo a distancias muy grandes, como si el universo fuera un balón, incluso intentó relacionar la gravedad con el electro-

Ernst Mach (Moravia, 1838-Haar, 1916)

Físico y filósofo austriaco, publicó en 1883 *La mecánica.*
Historia crítica de su desarrollo, obra en la que analiza
críticamente los principios de la mecánica newtoniana.
En 1886 publicó *Contribuciones al análisis de las sensaciones*,
obra en la que propone que el conocimiento se deriva
de las sensaciones. En 1887 estableció los principios de la
velocidad supersónica (un mach es la unidad de velocidad
utilizada en aviación). Pero tal vez la idea de Mach que tuvo
más influencia en la teoría de la relatividad de Einstein fue
su propuesta de que la inercia de un cuerpo –su resistencia a ser
desplazado– es el resultado de sus relaciones con el resto
de la materia presente en el universo, aun a las distancias más
grandes.

magnetismo, pero no se le ocurrió relacionar el espacio con el
tiempo, que fue el gran logro de Einstein.

Einstein se encontró con las bases que necesitaba. Se sabía
que la velocidad de la luz era constante, y Lorentz había creado las ecuaciones que nos decían cuánto se encogía un cuerpo
y cuánto se atrasaban los relojes en los distintos sistemas de
referencia.

La quietud imposible

¿Qué le quedaba por descubrir a Einstein? Mientras se realizaba el experimento de Michelson-Morley, pareció no estar
demasiado enterado. Por aquel entonces trabajaba en la ofici-

na de patentes de Berna y en su tiempo libre daba forma a sus ideas sobre la relatividad. Einstein tenía claro que nadie podía considerarse en un sistema en reposo, de la misma manera que a bordo de un tren que se mueve con una suavidad inapreciable sería imposible asegurar que es el tren el que avanza y no los campos los que retroceden, salvo por lo que nos dicta la experiencia. Sin embargo, imaginemos que nos hallamos dentro de un huevo de cristal en el espacio, rodeados de vacío, y supongamos que nos cruzamos con otro huevo de cristal idéntico al nuestro y desde el que un amigo nos saluda. ¿Cómo podríamos saber quién se mueve y quién permanece inmóvil? No hay viento, no hay ningún punto de referencia para asegurar que avanzamos.

Einstein nunca creyó en la existencia del éter; tenía esa intuición y sobre esa base trabajaba. Para él no tenía sentido hablar de que los cuerpos se contraen cuando avanzan, porque no hay viento del éter. Sin embargo, sí que se producen las contracciones y los atrasos de los relojes exactamente como predecía Lorentz, pero sólo eran apreciables a velocidades cercanas a la de la luz.

La mecánica newtoniana funciona muy bien en la vida real, pero en los aceleradores de partículas, donde se alcanzan velocidades casi lumínicas, ya se han podido comprobar comportamientos relativistas.

En definitiva, para Einstein, el movimiento absoluto no existía, porque no había nada contra lo que pudiera compararse, ya que la Tierra es un cuerpo en movimiento a través del espacio. Todo se mueve en torno a objetos que también se mueven, y no hay éter inmóvil que sirva de referencia. Había que hacer los cálculos teniendo en cuenta esta pequeña complicación.

La mano derecha de Dios

El primer filósofo importante que se planteó el aspecto de los objetos en un espacio vacío fue Inmanuel Kant (1724-1804) con un famoso acertijo: «Si todo el espacio estuviera vacío, y hubiera una sola mano humana, ¿tendría sentido decir que esa mano es la derecha?». Es evidente, que sin un punto de referencia no tiene sentido, ya que ¿sería la derecha respecto a qué? Todo es relativo. Si no hay arriba no puede haber abajo. Si no tenemos nada con lo que compararnos no podemos decir si nos movemos. Y lo mismo sucedería si todo se moviera a la misma velocidad y en la misma dirección.

Electrodinámica de los cuerpos en movimiento

Así se titula el artículo sobre la relatividad especial que publicó Einstein en la revista alemana *Anales de Física*, en septiembre de 1905. En alemán, su lengua de trabajo: «Zur Elektrodynamik bewegter Korper».

El artículo empieza haciendo un análisis de la relatividad del tiempo, y lo hace considerando que la simultaneidad de dos sucesos —es decir, el hecho de que sucedan a la vez— depende de que nuestros relojes marquen la misma hora. Hasta aquí no hay problema, pero, ¿y si queremos sincronizar dos relojes, uno en la Luna y el otro en la Tierra? Hay que tener en cuenta que la luz tarda dos minutos y medio en recorrer la distancia que las separa, tiempo que tardan en llegar a nuestro satélite las comunicaciones. La única manera de saber que están sincronizados es colocar a un observador exactamente a la mitad del camino que los separa y que los dos envíen una señal luminosa cuando sus relojes marquen la hora en punto. Si el observador recibe la señal en el mismo momento, es que los relojes están sincronizados.

Hasta aquí no hay problema, pero ¿y si los dos relojes estuvieran en movimiento, y se alejara el uno del otro? No importa, no hay que tener en cuenta para nada el movimiento de los dos observadores. Einstein nos dice por qué: porque la velocidad de la luz medida por el observador es siempre la misma. Si una nave se alejara de nosotros a 100.000 km/s, la luz que proceda de ella seguirá alcanzándonos a 300.000 km/s, por extraño que parezca. Y si se acercara a nosotros a esa velocidad, la luz que nos envíe seguiría haciéndolo a la misma velocidad. Ésta es una de las grandes aportaciones de Einstein.

Es como si siempre que lanzáramos una pelota fuera a la misma velocidad, no sólo sin tener en cuenta nuestro impulso sino también si la lanzamos desde el suelo o desde un tren a doscientos kilómetros por hora; ella se empeñaría en una única velocidad. Por muy deprisa que nos movamos, la luz siempre nos dará la impresión de moverse a la misma velocidad.

Se ha dicho «nos dará la impresión de moverse»; tal vez sería mejor escribir «se mueve», pero esta es otra es las grandes cuestiones de la relatividad. Supongamos que estamos midiendo la velocidad de la luz y pasa una nave a 100.000 km/s a poca distancia. El piloto de esa nave obtendrá la misma velocidad de la luz que nosotros, y desde nuestro punto de vista puede parecer imposible. Sin embargo, esta es una de las conclusiones primordiales de la teoría de la relatividad especial: la velocidad de la luz en el vacío es siempre la misma, y se convierte en un punto de referencia universal que determina el tiempo transcurrido: cuando la luz ha recorrido 300.000 km ha pasado un segundo. Esto es ciertamente alarmante cuando comparamos dos sistemas de referencia que se mueven a velocidades diferentes, porque la otra conclusión de la teoría es que en todos los sistemas de referencia, independientemente de la velocidad a la que se desplacen, se cumplen las mismas leyes físicas.

El juego de los relojes

Hay muchos ejemplos que permiten entender lo que sucede cuando comparamos dos sistemas de referencia que se mueven a distintas velocidades. Cualquier vehículo facilita su comprensión, pero yo quiero imaginarme dos lanzadores cuyos balones tienen las cualidades de la luz. Digamos que uno de ellos es un lanzador-observador inmóvil y el otro un lanzador-corredor que se mueve uniformemente por el espacio a 150.000 km/s.

Cuando el corredor pasa junto al observador, ambos lanzan sus balones-luz –ese balón podría ser el destello de una linterna– y se les pide que aprieten un pulsador exactamente un segundo después del lanzamiento. Cuando ha pasado un segundo para cada uno de ellos, aprietan el botón. Para ambos, el balón-luz ha recorrido 300.000 km.

Y entonces sucede lo inesperado: el corredor ha apretado el botón 0,15 segundos después que el observador, y sin embargo, para los dos ha pasado el mismo tiempo.

Analicemos lo que ha sucedido desde la perspectiva del observador. Cuando el lanzador en movimiento arroja la pelota, sigue corriendo y recorre una cierta distancia antes de que en su reloj pase un segundo. En ese intervalo, el balón-luz se ha alejado del corredor 300.000 km exactos, pero es evidente que ha recorrido algo más que esa distancia, pues hay que sumarle el espacio que ha recorrido inmediatamente después de lanzarlo, unos 45.000 km. Por lo tanto, cuando éste aprieta el botón, para el observador inmóvil ha pasado más de un segundo desde que estaban juntos.

¿Por qué afirmamos esto? Porque para el observador inmóvil, el balón-luz –la luz– ha recorrido 345.000 km, y no 300.000, cuando el corredor aprieta el botón, y dado que el tiempo transcurrido está en función de la distancia recorrida por la luz, han pasado 1,15 segundos después de que aquel lanzara la pelota junto a él.

Sin embargo, para el corredor sólo ha pasado un segundo de reloj, porque para él tanto la luz como el balón han recorrido 300.000 km desde que estaba junto al observador.

El resultado de esta demostración es que mientras que para el corredor ha pasado 1 segundo, para el observador han pasado 1,15 segundos. En ambos sistemas de referencia el tiempo ha transcurrido de una manera diferente, lo cual nos obliga a considerar que el tiempo es relativo (y no sólo cuando nos da la sensación de que no acaba de pasar el tiempo porque nos encontramos en una situación desagradable de la que no podemos evadirnos).

Ahora podemos establecer otra de las conclusiones de la teoría: el tiempo avanza más despacio en el sistema de referencia que se mueve más deprisa, pero esa diferencia sólo se percibe a simple vista a velocidades de más de cien mil kilómetros por segundo y, como veremos más adelante, depende de la posición del observador.

Las implicaciones

El retraso del tiempo se calcula con la fórmula de la contracción de Lorentz, que ya vimos antes. Según esa fórmula, sólo a velocidades consideradas relativistas, que nunca alcanzaremos en nuestra vida cotidiana, se notaría un acortamiento del tiempo. Sin embargo, estas velocidades se dan a niveles subatómicos. Por otra parte, lo que hemos explicado hasta ahora todavía se puede entender apelando a la razón, pero Einstein reveló algo mucho más sorprendente.

En su artículo hablaba de la inducción electromagnética, y razonaba que tanto si se pasa un imán dentro de una bobina como si se mueve la bobina alrededor de un imán, los efectos son los mismos, y gracias a este símil llegamos a algo extraordinario: si se convierte al viajero en observador y se lo sitúa en una nave espacial, de manera que no pueda saber que se está moviendo, tendrá la impresión de que quien se mueve realmente es el otro, y las cosas se invertirán. Entonces, a él le parecerá que el otro ha recorrido unos 345.000 km hacia atrás, y por lo tanto apretará el botón después que él. Exactamente al revés que antes.

¿Quién tiene razón? Desde el punto de vista de quien cree estar parado, el otro ha tardado más tiempo en apretar el botón. Como ya dijimos antes, el tiempo transcurre más despacio en el sistema de referencia que se mueve con respecto al otro.

Una pausa para un cuento de hadas y de fotones

Ahora ya sabemos que a medida que nos acercamos a la velocidad de la luz, el tiempo transcurre más despacio con relación al resto del universo. Si aplicamos la fórmula de la contracción de Lorentz, que también utilizó Einstein, comprobaremos que a la velocidad de la luz el tiempo se detiene totalmente y los relojes se paran. Entonces, ¿qué sucede con los fotones, que viajan a la velocidad de la luz? Pues que el tiempo no tiene sentido para ellos, o que un instante para ellos puede ser una eternidad para nosotros. De hecho, un fotón cualquiera puede permanecer miles de años viajando desde una estrella perdida en los confines del universo y no tendrá la sensación –es un decir– de que haya pasado ni un solo instante, aunque proceda del Big Bang, a diez o doce mil millones de años de distancia, como sucede con la radiación de fondo del universo. Por lo tanto, debemos pensar que ese fotón se halla en su origen y en su destino al mismo tiempo, y en todos los lugares que ha ocupado durante su camino.

Dicho de otro modo, ese fotón permanece a la vez en cada uno de los puntos de la línea que ha trazado desde su nacimiento. Eso quiere decir que ya debe haber llegado a su destino y que toda la historia del universo está decidida desde el mismo instante de su nacimiento. Entonces, ¿por qué tenemos la sensación de que pasa el tiempo? Puede que sea una cuestión de percepción mientras nos deslizamos a través de unas líneas trazadas desde el principio.

Afortunadamente, no todo está predeterminado. La mecánica cuántica, que Einstein combatió sin entender a fondo, demuestra que hay un elemento de aleatoriedad en este universo de estatuas, en el que lo único que parece avanzar es nuestra sensación de que todo avanza. Sería, por ejemplo, una mala pasada imaginar –como se ha sugerido– que todo el universo está formado por una sola partícula que ha trazado todas las líneas existentes y los consiguientes pliegues o arrugas que dan lugar a toda la materia existente. El inconcebible zigzagueo de su avance en todas las direcciones formaría el espacio, los planetas y la vida. La imaginación es una de las musas de la física. Quizás sea mejor que de momento pongamos los pies cuidadosamente en tierra para volver a elevarnos más tarde.

La paradoja de los gemelos

Volvamos al artículo de Einstein, en el que se comentaba esta paradoja para explicar la teoría de la relatividad. Una paradoja es algo contrario al sentido común, pero a tenor de lo que hemos comentado hasta ahora nos parecerá algo muy fácil de entender.

Tomemos a dos hermanos gemelos con los relojes perfectamente sincronizados. Uno de ellos se hace astronauta y realiza por primera vez un viaje espacial. A su vuelta, comprueban los relojes y observan que el que tenía el hermano viajero se ha retrasado, pero aún así se abrazan satisfechos. El viaje ha sido a Marte, sólo ha estado tres años fuera y la velocidad no ha sido muy grande. Han necesitado un reloj atómico para comprobar la diferencia. Pero su próxima salida es a una estación espacial de enlace situada en el espacio vacío, a cinco años luz de la Tierra. Viaja a la mitad de la velocidad de la luz y estará fuera veinticinco años según su propio reloj. Cuando vuelve, comprueba que para su hermano han pasado casi treinta años. En un tercer viaje, tiene que alejarse a diez años luz de la Tierra y lo hace a 250.000 km/s. A su vuelta han pasado otros veinticinco años, y según sus estándares tiene ochenta y cinco. Cuando desciende de la nave espacial se encuentra con un venerable anciano de su misma edad. Es el hijo de su hermano gemelo, que ha muerto pocos días antes, al cumplir los ciento cinco años, cuarenta y cinco después de haberse separado.

Un viaje a la velocidad de la luz generaría dos dimensiones espacio-temporales diferentes que coexistirían en el mismo universo, tal como ilustra la paradoja de los gemelos.

A medida que nos aproximamos a la velocidad de la luz las diferencias se hacen más grandes. Por supuesto, nos hemos inventado la anécdota; Einstein no se entretuvo en escribir historias de ciencia-ficción.

Es muy poco probable, sin embargo, que algún día se alcancen velocidades relativistas. Con nuestros conocimientos actuales, un viaje de ida a Marte duraría cerca de nueve meses, y si le sumamos la espera antes de iniciar el regreso para que el planeta se aproxime de nuevo a la Tierra, el total de la duración del viaje sería de dos años y ocho o nueve meses, a velocidades muy pequeñas en comparación con la de la luz. Y lo que más preocupa a los científicos es el largo pe-

El efecto Mössbauer

El físico alemán Rudolf Ludwig Mössbauer descubrió que el bombardeo de un núcleo atómico con rayos gamma de una determinada frecuencia podía servir para medir el tiempo con una precisión extraordinaria. Por el descubrimiento de este efecto, que tiene su mismo nombre, le fue otorgado el premio Nobel en 1961. Gracias a los relojes nucleares diseñados sobre la base del efecto Mössbauer, se ha comprobado que un reloj situado en el piso 100 de un rascacielos va más despacio que otro situado en el suelo. Y todo por efecto de la gravedad, que se debe a la curvatura del espacio-tiempo, un fenómeno que atrasa los relojes de los viajeros, de modo que esta comprobación afirma la paradoja de los gemelos y demuestra la teoría de la relatividad. La persona que vive en el piso más alto de una casa envejece más despacio, pero de una forma tan insignificante que no se puede percibir.

ríodo de ingravidez con que se enfrentarían los astronautas. Desde luego, los viajes fuera del Sistema solar no son más que una ilusión.

El novelista inglés H. G. Wells (1866-1946) contempló en *La maquina del tiempo*, escrita en 1895, la posibilidad de encontrarnos en el futuro con las personas que conocemos muertas o envejecidas mientras que para nosotros apenas ha transcurrido el tiempo. También sugirió que se podría viajar al pasado, pero eso es algo descartado actualmente por sus implicaciones en el desarrollo del presente.

La relatividad de la masa y la longitud

La teoría de la relatividad especial no sólo implica que el tiempo se acorta en un sistema en movimiento desde el punto de vista de un observador externo, sino que también se acorta su longitud y aumenta su masa. Dos nuevos retos para nuestra capacidad de comprensión que se pueden llegar a comprender con un pequeño esfuerzo.

Uno de los ejemplos más sencillos para entender el aumento de masa que se produce a velocidades relativistas es el de la bala de cañón. Vamos a imaginar que observamos una bala de cañón sobre la que va montado un viajero con un reloj. El viajero y la bala se desplazan a 200.000 km/s. Su reloj se atrasa. Cuando para nosotros hayan pasado diez segundos, para él habrán pasado sólo ocho y le dará la impresión de haber recorrido una distancia menor que a nosotros. Va más despacio en todos los sentidos, como si se moviera a cámara lenta. Aunque él no lo aprecie, envejece más despacio y su velocidad es menor que la nuestra.

Según esto, cuando la bala llegase a su objetivo su poder de penetración debería ser algo menor. Sin embargo, ha de ser el mismo que para nosotros, pues el daño causado no puede ser diferente para unos que para otros. La única manera de que esto suceda es que la masa del proyectil haya aumentado, ya que el poder de penetración es equivalente a la velocidad y a la masa de un cuerpo. De hecho, para que se mantenga debe establecerse una relación inversa: si disminuye una de las dos, la otra ha de aumentar.

Siempre podemos considerar que este tipo de explicaciones no son más que trampas dialécticas para explicar lo que las fórmulas matemáticas demuestran con claridad, pero es la única manera de hacer comprensible la teoría de la relatividad.

Lo importante y lo que se deduce de todo esto es que a medida que aumenta la velocidad de un cuerpo aumenta su masa

Conocer la realidad del tiempo

Supongamos que dos naves espaciales se cruzan en el vacío del espacio. En la oscuridad, sin ningún punto de referencia, ambos realizan mediciones sobre la velocidad del otro. Para hacerlo, los dos se consideran inmóviles y que el otro es quien se desplaza. Para ambos, el tiempo transcurre más despacio en la otra nave. Pero eso es imposible. ¿Cómo podemos averiguar la verdad? Quizás la única manera sea que se encuentren poco más tarde en una estación espacial y comparan los resultados de sus mediciones. Sin embargo si iban en dirección contraria y se han cruzado a velocidad relativista, es muy probable que nunca sepan en qué nave el tiempo iba más despacio.

aparente, y si tenemos en cuenta que la masa de un cuerpo equivale a su inercia, es decir, a la fuerza necesaria para moverlo, nos daremos cuenta de que cada vez cuesta más mover un cuerpo a medida que su masa aparente aumenta. A la velocidad de la luz su masa sería infinita, pero a velocidades cercanas ya es tan grande que resulta imposible aumentarla, pues habría que aplicar una fuerza tan grande como todo el universo. La velocidad de la luz es inalcanzable.

Del mismo modo, el objeto se acorta en la dirección en la que avanza. Un ejemplo cotidiano es el de los trenes que cruzan ante nosotros a gran velocidad en las estaciones. Nos parecen mucho más cortos de lo que son en realidad. Esto no es más que una apreciación, pero a velocidades relativistas, el acortamiento se puede calcular gracias a las mismas fórmulas de Lorentz que calculan el acortamiento del tiempo y el aumento de la masa.

La disociación entre el espacio-tiempo exterior y el interior afecta a la masa y longitud de los cuerpos. En el caso de un tren que se desplazase a 240.000 km/s, la masa y el tiempo se modificarían inversamente: la primera aumentaría y la segunda disminuiría.

El engorro de las fórmulas

La masa aparente aumenta sólo mientras el viajero está en movimiento. Sin embargo, después de que todo se haya detenido, la situación vuelve a la normalidad y la masa inercial recupera el mismo valor que tenía antes. Lorentz y Poincaré desarrollaron antes que Einstein una serie de sencillas fórmulas para calcular el aumento de la masa. El acortamiento del tiempo y la longitud se debía, según ellos, al aplastamiento por culpa del viento del éter, algo más que cuestionable. No obstante, fueron perfectamente válidas para Einstein, porque, a pesar de los posibles fallos de razonamiento, acertaban en las mediciones.

Aunque sólo sea por acercarnos un poco a las mentes de los físicos que debatían estas cuestiones, echémosle un vistazo a las ecuaciones básicas. La masa aumenta según esta fórmula: $m=m_o/\sqrt{(1-v^2)/c^2}$, en la cual m_o es la masa inicial, v es la velocidad del cuerpo y c es la velocidad de la luz. Aplicando la ecuación descubrimos que si lanzamos un cuerpo de 70 kg a una velocidad de 250.000 km/s, esos 70 kg se convertirán en 126 kg de masa aparente.

Las fórmulas que miden el acortamiento del tiempo y la longitud tienen el mismo patrón. Por ejemplo, si queremos calcular el acortamiento del tiempo para un viajero en las condiciones anteriores que para nosotros haya viajado diez horas, multiplicamos este tiempo por la fórmula de Fitzgerald-Lorentz $\sqrt{(1-v^2)/c^2}$. El tiempo transcurrido para el viajero habrá sido de tan solo cinco horas y media. Aplicando la ecuación a la inversa, cuando para él hayan pasado diez horas a esa velocidad, para nosotros habrán pasado unas dieciocho horas.

Velocidades engañosas

La teoría de la relatividad tiene aspectos un tanto «particulares» –por decirlo de alguna manera– que debemos contemplar. Cualquiera puede imaginar que si dos viajeros parten del mismo punto en direcciones opuestas a una velocidad de 180.000 km/s, se alejarán el uno del otro a 360.000 km/s, violando así el principio fundamental de que la velocidad de la luz no puede ser superada en ningún caso.

Si fuera así, no podrían comunicarse de ningún modo, pues las señales de radio viajan a la velocidad de la luz, mucho más despacio que la velocidad a la que se separan.

Por supuesto, hay un truco a la hora de hacer los cálculos, pues hay que tener en cuenta que los relojes se atrasan para

Un universo oculto

Los objetos se hacen visibles porque la luz reflejada sobre ellos alcanza nuestros ojos a 300.000 km/s. Si un objeto se alejara a una velocidad superior no podríamos verlo, pues la luz que desprende no nos alcanzaría nunca. De modo que no hay nada que podamos ver en el universo que vaya más deprisa que la luz. Eso no quiere decir que no haya una gran cantidad de materia que no podemos ver y contra la que podríamos estrellarnos si se cruzara en nuestro camino. Pero la física que conocemos está adaptada a velocidades inferiores a la de la luz, y no se sabe qué leyes debería cumplir un objeto que viajara a velocidades mayores. Según nuestra física, es imposible. Yo diría que, afortunadamente, en el universo predominan los espacios vacíos.

los dos viajeros con relación a un observador inmóvil situado en un punto más o menos equidistante. Este observador, o estación interplanetaria inmóvil, tan sólo tiene que recibir las señales de uno y enviárselas al otro. La relatividad hace que los dos le sean asequibles.

La fórmula que indica la velocidad relativa de ambos viajeros entre sí, descubierta por Poincaré y Einstein, es $Vr=(V+v)/1+V(v/c^2)$.

Después de hacer los cálculos correspondientes, la velocidad a la que se separan resulta ser de 264.705 km/s, un resultado inferior al de la velocidad de la luz y que permite que se comuniquen.

El rayo láser

Supongamos que enfocamos un rayo láser de gran potencia al espacio, de forma que ilumina una zona situada a 300.000 km. Imaginemos que el aparato tiene 3 m de longitud y hacemos que su extremo gire un cuarto de vuelta en un segundo. Utilizando la fórmula de la longitud de la circunferencia $l=2\pi r$ y dividiendo por 4 (un cuarto de vuelta) obtenemos que el extremo del aparato ha recorrido en ese segundo 4,71 metros. Si hacemos los mismos cálculos con el extremo del rayo láser, a 300.000 km, resultará que se ha desplazado 471.000 km en un segundo. ¡Hemos superado la velocidad de la luz! Pero, ¡calma!, no vamos a ver el extremo del rayo hasta que no haya pasado el segundo que tarda la luz en volver a nosotros, y no podremos saber si se ha desplazado en ese tiempo. De nuevo, las leyes de la relatividad nos han puesto en nuestro lugar.

Aunque la suma de las velocidades pueda superar a la de la luz, nosotros no podemos apreciarlo, ya que no existen aparatos de medida que permitan ver un objeto que vaya más deprisa que la luz.

Naturalmente, todo esto parece cosa de locos, y en cierta manera carece de razón. Quizás no sean más que trucos de genio para engañar a la realidad, pero no hay que desesperarse; nuestro mundo se basa en esta lógica y no hay que olvidar que hablamos de velocidades imposibles en nuestro mundo y que son imposibles de alcanzar con los medios materiales de los que ahora se dispone.

El hecho de que la velocidad de la luz sea insalvable hace que exista la materia tal y como la conocemos. Si pudiera superarse, nos encontraríamos con un universo muy diferente del nuestro. De hecho, nada impide que exista, pero no está a nuestro alcance.

Conservación de masa y energía

Antes de Einstein la masa y la energía no eran intercambiables. La ley de la conservación del movimiento, introducida por Newton, dejaba las cosas muy claras. Ahora sabemos que la masa puede transformarse en energía, por ejemplo haciendo explotar una bomba atómica, en cuyo núcleo una pequeña cantidad de materia (uranio 235) desaparece transformada en energía.

A escalas infinitamente más pequeñas, sabemos que, incrementando la velocidad de un cuerpo, aumenta su masa, como hemos demostrado antes, y le añadimos energía –es decir, poder de penetración–. Por el contrario, si la velocidad desciende, la masa se transforma en energía.

Recordemos el caso de aquel cuerpo de 126 kg lanzado a 250.000 km/s. Para que vuelva a un peso cercano a los 70 kg tendrá que reducir su velocidad al menos en 100.000 km/s y, en consecuencia, perder mucha energía en el empeño, tanta como la masa que va a perder multiplicada por la velocidad de la luz elevada al cuadrado, según la fórmula que figuraba en el apéndice que Einstein presentó a finales de 1905: $E=mc^2$.

Cualquier ejemplo en el que se vea implicada la velocidad sirve para demostrar el hecho de que un aumento de la misma produce un aumento de la energía acumulada. Cuando circulamos sobre un vehículo, la energía añadida por la velocidad equivale a un pequeñísimo incremento de la masa del vehículo, que se transforma en energía cuando se detiene, sobre todo si sucede de manera instantánea.

No obstante, se puede objetar que en estos ejemplos impera la inercia sobre la relatividad. Imaginemos entonces un muelle. Cuando lo comprimimos estamos almacenando una energía en él y su masa aumenta ligeramente. Cuando lo soltamos, la masa vuelve a la normalidad. Según la fórmula de Einstein, la masa, por pequeñísima que sea, al multiplicarla por el cuadrado de la velocidad de la luz, se liberará una gran cantidad de energía.

Veamos un ejemplo. Supongamos que necesitamos generar una unidad de energía que nos permita desplazar 100 g de peso a lo largo de un metro. Si transformamos esos 100 g en energía mediante la fórmula $E=mc^2$, obtendremos noventa mil millones de unidades de energía, suficientes para desplazar 900.000 kg un metro. Los constructores de la bomba atómica lo sabían muy bien, ya que la bomba funciona en la medida en que una parte de la masa que la compone se transforme en energía. Unos pocos gramos son suficientes para destruir ciudades enteras.

La energía del Sol procede de la transformación continua de masa en energía. De hecho, su combustión produce más de 40 millones de kilos cada segundo. Los experimentos realizados en ciclotrones que obtienen energía de esta manera consisten en acelerar las partículas subatómicas a velocidades cercanas a la luz y deteniéndolas de golpe mediante un choque. De este modo, una parte de la masa de la partícula se transforma en energía mientras que el resto se convierte en una partícula diferente. No es extraño, por ejemplo, que un protón se transforme en otras partículas más pequeñas y menos estables.

Calor y energía

Cuando calentamos un objeto le añadimos energía, y por lo tanto masa. Un cuerpo a 100 °C tiene un poco más de masa que cuando está a 0 °C, aplicando la fórmula de Einstein invertida $m=E/c^2$. El incremento de masa equivale a la energía añadida dividida por la velocidad de la luz al cuadrado. Cuando se enfría vuelve a su masa normal. Christian Huygens, en el siglo XVII, halló que un cuerpo en movimiento tenía más fuerza que cuando estaba parado. Leibniz llamó a esta fuerza adicional, únicamente debida al movimiento, *vis viva* (fuerza viva), y se calculó que era el producto de su masa por el cuadrado de la velocidad: mv^2. Más tarde, se le incluyó el factor 0,5 y se la llamó *energía cinética*: $E_c=0,5mv^2$. Según la teoría de la relatividad, si llevamos un cuerpo a la velocidad de la luz se transforma totalmente en energía. Sobre esta idea, Einstein modificó la fórmula para adaptarla a la relatividad, y obtuvo $E=mc^2$.

Galaxias diferentes, distintos sistemas de referencia

Ahora que hemos descubierto que la velocidad de la luz siempre es la misma para un observador dado, podemos extraer una primera conclusión que nos sería de utilidad a la hora de escribir una novela de ciencia-ficción. Imaginemos una galaxia que se desplazara con respecto a la nuestra a una velocidad relativista, la mitad o dos tercios de la velocidad de la luz, por ejemplo. Todo lo que sucediera en su interior sería perfectamente normal, pero, mientras que para nosotros hubiera pasado un tiempo determinado, para ellos habría pasado un tiempo más corto. Y si pudiéramos abordarla y vivir en ella una temporada, al volver se vería que el tiempo en nuestra galaxia

El pasado es el presente

No hay que olvidar que todo cuanto vemos lo hacemos gracias a la luz que llega a nuestros ojos, y que tarda cierto tiempo en alcanzarlos. Todo lo que vemos ha sucedido en el pasado. Cuando miramos un objeto lo vemos tal como era unas milésimas de segundo antes; cuando miramos un vehículo que se cruza con nosotros a gran velocidad lo vemos un poquito más atrás de donde está realmente; cuando miramos el Sol lo vemos como era ocho minutos antes, que es el tiempo que tarda en alcanzarnos su luz. Cuando miramos hacia una estrella como Sirio, la vemos como era hace 8,6 años luz, y cuando miramos un quásar por medio de un telescopio, lo vemos como era hace miles de millones de años, y no podemos saber cómo es ahora.

ha pasado más deprisa. En cada una de las galaxias, tomada como sistema de referencia, la física es la misma que conocemos, y se cumplen las leyes de Newton; pero cuando comparamos una con la otra, vemos que el tiempo transcurre a diferentes velocidades. Por lo demás, todo es igual, y la gente que vive en ellas tiene la impresión de que las cosas son normales. Sólo si pudieran observar el interior de la otra galaxia y considerándose ellos inmóviles, verían que sus vecinos se mueven más despacio y que sus cuerpos son más delgados en la dirección del movimiento. Pero si pudieran cambiar de galaxia, les sucedería lo contrario.

La gravedad

Einstein tardó once años en darle forma a la segunda parte de su teoría de la relatividad. A esta parte la llamó *relatividad general*, y hacía referencia a la gravedad y al espacio-tiempo. En ella consideraba la relatividad especial que hemos visto antes como un apéndice. Las fórmulas que empleó son demasiado complicadas como para que hagamos siquiera mención de ellas, pero sus conclusiones son ineludibles, y han tenido considerables repercusiones en todos los ámbitos, incluso filosóficos, pues han cambiado la concepción del universo y han hecho necesaria una nueva manera de pensar la vida.

Antes de empezar a exponer sus logros, debemos volver un momento a Newton, porque éste dio un punto de partida a Einstein para que desarrollara su teoría general cuando planteó el ejemplo del cubo de agua. Si llenamos un cubo de agua y lo hacemos girar, el agua sube por las paredes impulsada por la fuerza centrífuga. En esto no influye ninguna fuerza externa, decía Newton, la rotación del cubo es un movimiento absoluto, independiente.

Pero Einstein no estaba de acuerdo, y le dio otro cariz al problema. La fuerza que hace que el agua se suba por las paredes del cubo, la fuerza centrífuga, es debida a la inercia del agua, que tiende a irse hacia el exterior cuando gira, como le sucede a cualquier objeto que gira sujeto por una cuerda. Esa fuerza es exactamente igual a la fuerza de la gravedad y no hay manera de distinguirlas. Con esta premisa, Einstein estableció una de las bases de su teoría de la relatividad general, el principio de equivalencia, que afirma que la gravedad y la inercia son lo mismo, aunque se denominen con palabras diferentes.

¿Pero cómo llegó a esta conclusión? Pues porque la gravedad es una fuerza uniformemente acelerada, ya que cuando caemos aceleramos de manera continua. Y la inercia también lo es. Si hacemos girar un enorme cilindro y nos situamos dentro, la fuerza centrífuga nos impulsará contra las paredes con una fuerza constante.

Si el movimiento de rotación de la Tierra alrededor del Sol cesase, se produciría un desequilibrio de fuerzas que provocaría el cese de la gravedad y despediría hacia el espacio exterior todo cuanto se hallase sobre la superficie terrestre.

Lo curioso es que, siendo una fuerza creada artificialmente, no hay manera de distinguirla de la gravedad, pues también tira de nosotros con una aceleración constante –siempre que la rotación sea uniforme– y si igualamos con la fuerza centrífuga la gravedad exacta de la tierra, los cuerpos pesarán igual, es decir, hará falta la misma fuerza para levantarlos. Estas fuerzas simuladas se llaman *fuerzas inerciales*, que son las fuerzas que impulsan al agua sobre las paredes del cubo, como nos impulsan a nosotros sobre las paredes del cilindro, y son exactamente iguales que la gravedad.

Las fuerzas inerciales producidas en un cilindro son, de hecho, la única manera de dotar de gravedad artificial a las naves espaciales. Stanley Kubrick fue el primero en mostrarlo en aquella extraordinaria película que se titula *2001: Una odisea del espacio*. La fuerza que nos lanza hacia delante cuando se detiene un automóvil también es una fuerza inercial, pero no es constante como la fuerza producida en la rotación. Si tenemos alguna vez la mala suerte de hacer un trompo y somos capaces de conservar la calma, sentiremos el empujón constante hacia el exterior de las fuerzas inerciales mientras el vehículo esté girando.

Galileo ya lo sabía

Galileo ya sabía que dos cuerpos de muy diferente peso caen a la misma velocidad en el vacío, una vez eliminado el rozamiento del aire. Si dejamos caer desde la torre de Pisa –el ejemplo clásico de Galileo–, una bala de cañón de doscientos kilos y un lápiz de diez gramos en ausencia de aire, caerán el uno junto al otro y llegarán a la vez al suelo. La inercia de un

El ascensor y la inercia

Un ejemplo típico de las equivalencias de la inercia y de la fuerza de gravedad es el del ascensor. Cuando un ascensor arranca y acelera tenemos la sensación de que nuestro peso aumenta, como si la gravedad se hubiera incrementado. En realidad, sucede que nuestro peso se opone al avance, tenemos una masa que empuja hacia abajo con la fuerza de su inercia. Si nos encontráramos dentro de un ascensor en el espacio flotaríamos en su interior, y si de pronto pesáramos, es decir, sintiéramos que una fuerza tira de nosotros hacia abajo, no podríamos decir –a falta de ventanas– si el ascensor acelera o si estamos cerca de un planeta que tira de nosotros. Gravedad e inercia ejercen el mismo efecto según el principio de equivalencia de Einstein.

cuerpo en reposo requiere que se aplique una fuerza proporcional a su masa para moverlo. Cuando dejamos caer el lápiz, éste opone sus diez gramos a la gravedad. Cuando cae la bala de cañón, los doscientos kilos se oponen a moverse de la misma forma. La gravedad aplica una fuerza exactamente igual a la de su inercia sobre ambos y los mueve a la misma velocidad. Es como si aplicáramos una fuerza igual al peso de todo lo que tocamos para hacer que se mueva a la misma velocidad. Una fuerza de diez gramos para mover el lápiz, una fuerza de doscientos kilos para mover la bala. ¿Pero cómo sabe la gravedad cuál es exactamente la fuerza que ha de aplicar? La única solución al enigma es que la inercia de los cuerpos y la gravedad sean iguales, o al menos estén íntimamente relacionadas.

Por otro lado, la gravedad se puede anular aplicando una fuerza proporcional en sentido contrario, como sucede cuando cae un avión en picado, cuando baja un ascensor o cuando estamos en una montaña rusa. Cuando caemos dejamos de sentir la fuerza que tira de nosotros, como si flotáramos en el aire. Los astronautas que viajan en las naves espaciales que giran en torno a la Tierra no sienten la gravedad porque la velocidad de la nave en torno al planeta produce una fuerza centrífuga equivalente a la de la gravedad y la anula. Sólo dos fuerzas del mismo tipo pueden anularse.

Inercia y movimiento

Un cuerpo que se mueva a una velocidad uniforme por el vacío del espacio no experimentará ninguna resistencia. Podría seguir siempre a su aire. Pero en el momento en que trate de acelerar sentirá una fuerte oposición. Volviendo a Newton, esa resistencia será debida a su inercia, que es la resistencia que ofrece un cuerpo a cambiar de posición. Pero también puede ser que estuviera moviéndose sin saberlo y que ahora que quiere cambiar de dirección esté sometido a un campo gravitatorio. No hay manera de averiguarlo.

El siguiente paso fue suponer que la gravedad era una fuerza que era provocada por un movimiento acelerado, similar a la fuerza centrífuga que se produce dentro de una cápsula que gire alrededor de la Tierra, pero hacia dentro. Y ahora damos un paso de gigante que se analizará con más detalle. Después de muchos cálculos, Einstein concluyó, en la teoría general de la relatividad, que existe una nueva dimensión, el espacio-tiempo, lleno de curvas, y que todos los cuerpos en movimiento tienden a seguirlas. En definitiva, la fuerza de la gravedad no es más que la consecuencia de seguir unas líneas imaginarias que se pueden calcular por medios geométricos.

Un frenazo en seco no es más que una disminución brusca de la velocidad de un cuerpo que altera momentáneamente su masa y reduce la fuerza de gravedad.

Así de simple, y así de complicado, porque eso no es todo. Como ya hemos visto, el reposo absoluto no existe y que todo se mueve, todos los cuerpos del universo siguen las curvaturas del espacio-tiempo, y eso quiere decir que lo hacen todas las partículas de tamaño suficiente como para cumplir las leyes de Newton que ya conocemos: la gravedad aumenta con el tamaño y disminuye con la separación.

Einstein pensaba, preferentemente, en ecuaciones abstractas, pero nosotros tenemos que hacerlo de otra forma para hacerlo comprensible, y hemos de tener en cuenta, además de la curvatura del espacio-tiempo, los gravitones, las pequeñas partículas que trasmiten la gravedad, aún no descubiertas. ¿Que para qué necesitamos los gravitones, ahora que ya sabemos que la gravedad se manifiesta en forma de curvatura? Pues porque todas las fuerzas del universo, que veremos con cierto detalle más adelante, se transmiten por medio de una partícula que hace de emisario y porque las ecuaciones matemáticas que explican la gravedad la necesitan.

Vayamos por partes. Por un lado, nos conviene analizar la curvatura y sus consecuencias, por otro lado, los gravitones y cómo pueden manifestarse, y entre ambos, el espacio-tiempo y cómo imaginarlo.

Una curvatura que no se puede abandonar

Vamos a imaginarnos, en primer lugar, un universo elástico en el que las partículas provocan hundimientos. ¿Qué pasaría si nos imaginamos que cada partícula es un individuo? Resultaría que son unas partículas muy sociables, y que cada vez que una pone un pie en la calle siente una necesidad irreprimible

El espacio-tiempo

Es complicado y a la vez sencillo de entender. Simplemente hay que añadir a nuestras tres dimensiones la dimensión tiempo. Hemos de imaginarlo como parte de un continuo en el que el espacio que nosotros percibimos representa un solo instante y el espacio-tiempo es la suma de todos los instantes. Es muy fácil imaginarlo si consideramos que el espacio es una rebanada de pan y que el continuo espacio-tiempo es la hogaza entera. Cada instante es una de las rebanadas y, para ver las curvas que forma la materia en su interior, tenemos que ponerlas todas juntas, ya que aparecen a lo largo de todo el pan, no en cada una de las piezas, donde sólo son una impresión. Cada pieza es el universo en el ahora, pero el ahora deja de existir a cada instante. Las curvas son invisibles en el ahora, pero son visibles a lo largo del tiempo.

de reunirse con sus compañeras, como si el suelo se inclinara hacia donde se aglomeran las demás, como si se hundiera bajo sus propios pasos. Cuando llega a donde están las demás, sumidas en silenciosas discusiones mientras el grupo da vueltas sobre sí mismo –como un pequeño planeta en rotación–, su peso añadido hace que el suelo se hunda un poco más y la pendiente se incremente. A medida que llegan nuevas partículas, la pendiente se hace cada vez mayor y para subirla hace falta una gran cantidad de energía que no tienen. La cuesta se ha hecho tan honda y alcanza tanta distancia, que desde muy lejos se pueden ver a los nuevos visitantes descendiendo en espiral, atrapados en una especie de embudo en rotación que los hace caer formando una curva a su alrededor.

Este ejemplo es similar al clásico de una naranja en el centro de una cama elástica que deforma el espacio. Podríamos añadir que si la pendiente diera vueltas a una velocidad determinada, las partículas permanecerán siempre girando a cierta distancia, en equilibrio entre su tendencia a caer y la fuerza centrífuga que las empuja hacia fuera, como sucede con los planetas.

Pero aún teniendo en cuenta la rotación, estos ejemplos pertenecen a un mundo de dos dimensiones y la curvatura se produce en un universo de cuatro. Para entenderlo, hemos de dotar de altura a la superficie elástica y someterla a torsión, como veremos enseguida. No olvidemos que cada agrupación de partículas crea su propia depresión y que todas ejercen una cierta influencia sobre las demás, por lejanas que se hallen. Al mismo tiempo que caemos hacia la depresión provocada por la Tierra, la Luna también tira de nosotros, y Marte, y el Sol, y los asteroides, y cualquier pedazo de materia en un radio muy amplio. Todas las depresiones se superponen y se suman o se restan para determinar hacia dónde caeremos y con qué fuerza.

Minkowski

El matemático ruso Hermann Minkowski, uno de los primeros estudiosos de la teoría de la relatividad general, diseñó un gráfico de cuatro dimensiones para explicar el movimiento a través del espacio-tiempo que se puede aplicar a nuestra vida cotidiana. En el gráfico aparecen las tres dimensiones clásicas, largo, ancho y alto, y una cuarta dimensión, el tiempo, que emerge del mismo eje de coordenadas, equidistante de las otras, y que asciende con una inclinación de 45º. La línea del tiempo, que empieza en un instante determinado, es conocida también como *línea de universo*. Si consideramos el marco inferior como un plano, podemos señalar el lugar donde estamos y, ascendiendo a lo largo de la línea del tiempo, el momento exacto. Otra manera de verlo consiste en considerar cada instante un fotograma de una larguísima película en el que se plasmase toda la historia del universo.

Si recurrimos a nuestra imaginación podemos imaginar que el primer fotograma representa un inmenso vacío con un punto empezando a iluminarse en el centro. Algunos fotogramas después, se ve un espacio lleno de partículas que se alejan a gran velocidad, aunque en el fotograma no se mueven porque refleja un instante. En otro posterior se observan agrupaciones. Más adelante, estrellas y planetas y, pasando con rapidez la película, vemos que algunos átomos se entrelazan

El universo de Minkowski

El matemático alemán de origen ruso Hermann Minkowski (1864-1909) fue uno de los primeros en aceptar las teorías de Einstein. Sugirió que el espacio y el tiempo podían ser comprimidos en un continuo de cuatro dimensiones conocido como *universo de Minkowski*, representado por una gráfica de tres dimensiones a las que se añade una cuarta, equidistante de las otras, que representa el tiempo. En 1908 dio una célebre conferencia en Colonia titulada «Espacio y tiempo» de la que una frase se ha hecho muy conocida: «De ahora en adelante el espacio y el tiempo en sí mismos están condenados a ser sombras; sólo un cierto tipo de unión entre los dos conservará una realidad independiente».

dando lugar a la vida y luego se separan otra vez. El entrelazamiento nunca es casual, sino que sigue una serie de normas, como el límite de la velocidad de la luz en el vacío, o bien, en el caso de la vida, un marco muy estrecho de temperaturas.

No hay duda de que una vez estuvimos todos dentro de un punto, si las teorías que se barajan actualmente sobre el origen del universo son ciertas, así que no sólo somos uno con todo el universo, sino que somos el universo, como afirman los ayurvedas de la India. Mediante la meditación, los santones afirman que pueden volver a ese estado inicial en el que formábamos parte de todo lo existente. No sólo hay en nuestro córtex la memoria de cuando éramos reptiles, sino la memoria del origen del universo.

En todo caso, la relatividad considera que el espacio-tiempo es toda la película, no los fotogramas uno detrás de otro sino uno sobre otro, como las capas esféricas de una cebolla. Quizás este ejemplo nos convenga más ahora, el de un espacio-tiempo que es como una cebolla a la que se le van añadiendo capas sucesivamente, cada vez más amplias, ya que el universo se expande continuamente. Quizás sea el grosor

Durante un corto período de tiempo

Se puede decir que nuestras vidas no son más que entrelazamientos casuales de átomos durante un cortísimo período de tiempo en el diagrama del universo de Minkowski, o en la película del universo, que más tarde se entrelazan dando lugar a nuevos individuos, animales, rocas o aire. Nunca hemos dejado de formar parte de un todo al que volveremos antes o después.

de esas capas y su forma lo que determine la estructura del universo.

Sin que sea verdad, también se podría decir que el universo es un merengue gigantesco que se hincha en todas las direcciones, dentro de un horno en el que se cumplen una serie de directrices que tienen mucho que ver con nuestra capacidad de percepción.

La curvatura de la luz y las geodésicas

La luz, de naturaleza ondulatoria, pero también corpuscular, sufre los efectos de la gravedad, como toda partícula, y también se curva. Einstein lo predijo en su día, y esto fue lo que comprobó Eddington cuando midió el desplazamiento de la posición aparente de varias estrellas cercanas al Sol durante el eclipse de 1919.

Las consecuencias de la curvatura del espacio hacen que la línea más corta entre dos puntos no sea la línea recta. Se suele poner como ejemplo la superficie de la Tierra, en la que el único camino a seguir entre dos puntos es una curva sobre la esfera terrestre. La línea más corta entre dos puntos se llama *geodésica*. En la superficie de la Tierra es una curva perfecta, pero en el espacio-tiempo y debido a la torsión provocada por todos los cuerpos presentes en un área del espacio, puede adquirir muchas formas: curvas muy abiertas en los espacios vacíos y muy cerradas en la cercanía de las estrellas.

Vamos a hacer un último esfuerzo para visualizar el espacio-tiempo. Imaginemos las capas del tiempo colocadas una sobre la otra, formando una especie de columna de un material elástico, el espacio-tiempo. Supongamos que tenemos ya una columna de mediana altura y que en su interior hay una estrella que provoca una torsión a su alrededor.

Ahora coloquemos un planeta en el interior de la columna intentando seguir una línea recta dentro de un material que se retuerce. ¿Cuál es el resultado? La línea recta que sigue el planeta da la vuelta alrededor de la estrella y acaba pareciendo una curva.

En el espacio-tiempo todo el mundo sigue la línea más corta posible, pero si las capas del tiempo se curvan, las líneas rectas se curvan con ellas, y a veces el camino más corto se convierte en el más largo.

Imaginemos que tenemos que seguir la línea más corta posible –la geodésica– por el centro de un río. Si el río fuera lo bastante grande, y nos mantenemos a la misma distancia de las dos orillas, nos parecerá incluso viajar en línea recta, pero seguiremos las curvas de la corriente. El espacio-tiempo podría compararse con un río inmenso en el que se hallan los planetas, las estrellas, las constelaciones y las galaxias. El río, formado por las capas del tiempo, fluye uniformemente en el espacio intergaláctico, pero en el interior de las galaxias está lleno de remolinos en los que cualquier intruso puede caer en el transcurso del tiempo. Einstein demostró que la gravedad era una cuestión de geometría.

La curvatura de la luz y el tiempo

La curvatura de la luz cerca de las masas gravitatorias hace que el tiempo transcurra más despacio en ese lugar. La razón es muy simple, pero para entenderlo vamos a visualizar dos muros –que podrían ser dos intervalos de espacio-tiempo–

separados por una cierta distancia y una esfera flotando entre ellos. Imaginemos ahora que los muros están separados por un centenar de millones de kilómetros cuadrados y que la esfera del interior es una estrella de una masa similar a la de nuestro Sol. En uno de los muros hemos colocado una serie de reflectores de gran potencia y en el muro opuesto otra de sensores para recibir la luz.

Los encendemos y observamos su evolución. Los rayos de luz que pasaban cerca de la estrella se han curvado ostensiblemente y han tenido que hacer un recorrido mayor que los que había en los extremos para llegar a la otra pared. En lugar de los cinco minutos y medio lógicos para esa distancia, han tardado seis para llegar al mismo punto. Ha pasado más tiempo en las cercanías y en el interior de la estrella que

Cómo envejecer más despacio

Quien quiera envejecer más despacio sólo tiene que subirse a un avión y pasar la mayor parte de su vida a bordo.

En la superficie de la Tierra, la curvatura de la luz se acentúa, aunque sea imperceptiblemente, recorre más distancia para llegar al mismo lugar y el tiempo pasa más deprisa. En cambio, a una buena altura, la curvatura se atenúa y el tiempo pasa más despacio. Nos afecta porque toda la materia, incluida la nuestra, está formada por partículas subatómicas que se mueven a la velocidad de la luz. Nuestro organismo envejece ligeramente más deprisa que el de alguien que se pase la vida a gran altura. Con un poco de suerte, cuando para nosotros hayan pasado ochenta años, para él habrá pasado un segundo menos, pero también habrá vivido un segundo menos.

a una distancia en la que la luz no sufre los efectos de la gravedad. Recordemos que el espacio-tiempo es el mismo para todos, pero el tiempo varía. Si la luz recorre 300.000 km habrá pasado un segundo, pero si se ha de curvar y recorrer el doble de distancia por culpa de la gravedad habrán pasado dos segundos en el mismo intervalo de espacio-tiempo, y todo lo que se halle en ese lugar habrá envejecido en esa proporción. Cerca de las estrellas y en la superficie de los planetas, allí donde la gravedad aumenta y la luz se curva, sus recorridos se hacen más largos y el tiempo se acelera con respecto a lugares vacíos en los que puede seguir una línea más recta. Esta peculiaridad explica el efecto Mössbauer que comentamos antes. El tiempo pasa más despacio cuanto más nos alejamos de la superficie de la Tierra, pero si nos acercamos al Sol, se acelera.

En el interior de los agujeros negros, en los que la luz no puede escapar y se curva indefinidamente su alrededor, el tiempo pasa a velocidades vertiginosas. Un hombre podría nacer, crecer, envejecer y morir en el interior de un agujero negro mientras un observador externo se toma un refresco.

Los tipos de curvatura espacio-temporal

Las curvas que aparecen en el espacio pueden adoptar todas las formas que permite imaginar la geometría. Se conoce como curvatura positiva aquella en la que las líneas paralelas que siguen la curvatura tienden a juntarse, como sucede en la superficie de la Tierra cuando caminamos desde el ecuador hacia los polos, y como curvatura negativa aquella en que las líneas paralelas se separan, como sucedería en una silla de montar o ascendiendo a un collado entre dos montañas. Dos excursionistas que partieran juntos y ascendieran siguiendo la inclinación del suelo acabarían separándose antes de llegar al punto más alto. Este efecto de la silla de montar suele darse cuando hay niebla y propicia que nos perdamos con facilidad.

¿Dónde aparecen unas y otras curvaturas? Por ejemplo, en el interior de la Tierra la curvatura es positiva, y tiende a aplastar y a contraer la materia. Sobre la superficie del planeta, la materia se deforma pero no pierde volumen, y en el exterior, la curvatura es negativa, de modo que dos cuerpos que se acercaran flotando a la Tierra tenderían a separarse, iniciando una amplia curva a su alrededor antes de caer.

Si se produce a cierta distancia, esta curva no tiene que acabar necesariamente en una caída. El efecto de la curvatura negativa es aprovechado por las naves espaciales que se utilizan actualmente para la exploración del sistema solar. Las naves que se aproximan a un planeta caen en una amplia curva en torno al astro que los acelera y les permite escapar a su atracción después de haber ganado impulso.

Las tropas gravitónicas

Los físicos creen que hay una partícula, llamada gravitón, que actúa de emisario de la fuerza de la gravedad, de un modo similar al de los fotones, que actúan de emisarios de la luz. De momento, no se ha localizado ninguno, pero no se descarta hacerlo en cualquier momento.

Cuidado, no es como si de pronto nos deshiciéramos de todas las curvaturas que tanto trabajo nos han dado hasta

ahora y nos proveyéramos de tropas de gravitones procedentes de todas las partículas que pueblan el universo, que tratan
de arrastrarnos como los diminutos soldados de un incansa-
ble ejército, tanto más fuertes cuanto más cerca están de su
origen, en razón de la teoría de la gravitación universal de
Newton.

Si todavía prevaleciera la física newtoniana, un gravitón
sería una especie de enviado de las demás partículas, absolutamente de todas y cada una de ellas. De estar a la misma distancia de la Tierra y de la Luna, los emisarios de uno y de otra
tendrían la misma fuerza, pero por cada uno de la Luna habría
unos ochenta de la Tierra, porque ésta es unas ochenta veces
más masiva que aquella, y nos arrastrarían sin remisión.

Pero si sólo hubiera tropas de gravitones, la Tierra acabaría
cayendo en línea recta sobre el Sol en lugar de girar a su alrededor. Por eso se tiende a pensar en los gravitones de otra
manera. Los emisarios de la luz, por ejemplo, son los fotones
y cada fotón es una pequeña porción de luz. Los gravitones,
cuando se encuentren, podrían ser un pedazo muy pequeño
de la curvatura del espacio-tiempo, una pequeñísima línea
curva que serviría de unidad de transmisión, como los fotones lo hacen de la luz, y llevaría consigo una cantidad de fuerza gravitatoria determinada. Por supuesto, no tendrían entidad material, por eso no se pueden localizar. Otras teorías lo
presumen como una especie de anillo diminuto de una sola
dimensión, como una goma elástica diminuta, pero estas teorías nos alejarían demasiado de nuestros propósitos.

De existir, los gravitones abundarían cerca de las estrellas y
los planetas, y no existirían en el espacio intergaláctico. Serían
como un bullicio complementario de la curvatura del espacio-
tiempo. Einstein ni siquiera pensó en los gravitones, sino que

trató de conducir las demás fuerzas a su terreno. El hecho de que todas tuvieran un emisario conocido no le hizo desistir de su propósito de demostrar que también tienen un carácter geométrico y se deben a deformaciones del espacio-tiempo.

Las mareas gravitatorias

Por lo que hemos explicado hasta ahora, parece que la gravedad se pueda imaginar fácilmente como una rotación del espacio en torno a los planetas. Para convencerse de que es algo más complicado, sólo hay que pensar en la atracción que ejerce la Luna sobre la Tierra y en sus consecuencias: que los mares se eleven y que el planeta se abombe ligeramente al paso de nuestro satélite. Por esta razón, se llaman mareas gravitatorias las que ejerce un planeta sobre cualquier objeto cercano. Un inmenso globo flotante por encima de la Tierra se estirará por el extremo más cercano al planeta. La atracción de la Tierra deforma la Luna –que siempre nos ofrece el mismo lado– en un kilómetro aproximadamente.

Las fuerzas de marea gravitatoria son las responsables de que un cuerpo que se acerca a la Tierra sufra una ligera deformación que puede llegar a destruirlo, ya que sentiría el tirón en su parte inferior y tendería a deformarse. Un edificio de hormigón de cien pisos en caída libre desde el espacio se desintegraría debido a las fuerzas de marea antes de entrar en la atmósfera del planeta. Este fenómeno no se da en la aceleración provocada por la inercia, por lo que puede servir para distinguir una de otra, pero un observador local no apreciaría la diferencia, a no ser que estuviera en el edificio.

Las mareas del tiempo

Las *mareas del tiempo* han sido utilizadas por algunos novelistas de ciencia-ficción para sus historias. Un aumento súbito de la gravedad, debido a la proximidad de una masa extraordinaria –un pequeño agujero negro–, o una nube de gravitones que provocase una curvatura extraordinaria sin una razón aparente en el espacio cercano, podría acelerar el tiempo a su alrededor provocando un envejecimiento anormal de todo lo que estuviera bajo su influencia.

Una persona que se cruzase con una nube de gravitones tendría la sensación de que el mundo se detiene a su alrededor, y no podría evitar envejecer mientras que para sus compañeros apenas pasa el tiempo. Una vez pasada la marea temporal todo volvería a la normalidad, pero para él habría pasado un tiempo extraordinario. También podría suceder lo contrario.

Ingravidez artificial

Si Einstein hubiera vivido actualmente, habría podido comprobar sus teorías en el Centro Gagarin de Entrenamiento para Cosmonautas, situado muy cerca de Moscú. En ese lugar, del que se quiere obtener alguna rentabilidad a causa de la crisis que padece el país, y por una respetable cantidad de dinero, nos ofrecen la posibilidad de permanecer durante treinta segundos en una atmósfera sin gravedad. Un cuatrimotor de la aviación rusa se eleva a gran altura y luego se deja caer en picado. Durante un corto período de tiempo la gravedad desaparece en su interior. El espacio de carga, vacío, acoge a algunos turistas que, por lo general, vomitan porque su organismo es incapaz de adaptarse a la falta de peso en tan poco tiempo. El sentido del equilibrio, adaptado al arriba y abajo de la superficie de la Tierra, envía señales confusas al cerebro y provoca el mareo. Sólo algunas personas muy entrenadas llegan a disfrutar de la ingravidez. Probablemente, Einstein no hubiera tenido tiempo de marearse, enfrascado en la comprobación del fenómeno. En realidad, dentro del avión no dejamos de caer, pero la aceleración del aparato es exactamente la misma con la que la gravedad tira de nosotros y, como las ventanillas están tapadas, no nos damos cuenta de que flotamos en una masa de aire atrapada que también está cayendo. La falta de gravedad es completamente ilusoria, pero la sensación es exactamente la misma que si estuviésemos flotando en el vacío del espacio.

Las mareas lunares

Las mareas más grandes del mundo tienen lugar en Nueva Escocia, en la costa este de Estados Unidos, concretamente en la bahía de Fundy, donde pueden alcanzar hasta 16 metros. La atracción de la Luna eleva los mares a su paso. La Tierra se convertiría en un huevo que rota siguiendo a la Luna si estuviera rodeada de agua por todas partes, pero, debido a los continentes, sus efectos, que se aprecian sobre todo en los océanos, son más complicados. Las mareas más grandes se producen cuando se alinean la Luna y el Sol, que también atrae a las aguas del océano con su fuerza, y son destacables en la citada bahía porque es tan grande que no tiene tiempo de vaciarse cuando vuelve la marea con el paso de la Luna, cada 12 horas y 25 minutos, y se produce un efecto de resonancia.

La comprobación de la teoría

Vamos a dedicar los apartados que siguen a las demostraciones de la teoría de la relatividad y a posteriores comprobaciones y avances sobre las ideas de Einstein, desarrollados fundamentalmente antes de su muerte.

Eddington y el eclipse

El físico Arthur Stanley Eddington (1882-1944) fue el primer divulgador de la teoría de la relatividad en lengua inglesa. Profesor de matemáticas y astronomía en Cambridge, aportó su propia visión a la nueva geometría del cosmos. En 1930 se atrevió a contar las partículas elementales que había en el universo: 10^{79}, considerando que eran las necesarias para encerrar todo el espacio en una hiperesfera en la que se cumplieran las leyes de la física. Antes, en 1919, había participado en la expedición científica que viajó a África Occidental para observar el eclipse que había de demostrar la desviación de la luz al pasar junto al Sol, según las previsiones de Einstein.

La expedición se rodeó de una gran publicidad y sus resultados dieron a conocer a Einstein al gran público. Se comprobó que la luz se desvía y curva al pasar junto a una gran masa por la acción de los campos gravitatorios. En aquel momento, los cálculos se aproximaban a los de Einstein con un error del 1 %. Más tarde, se comprobó que observar la desviación de una estrella muy próxima al Sol durante un eclipse, para calcular su desviación con respecto a las condiciones normales, era extraordinariamente difícil, y los resultados variaban, ya que también se puede deber a un efecto óptico causado por la refracción de la luz.

Posteriormente, se han hecho comprobaciones con quásares –objetos cósmicos muy luminosos y lejanos– cuya luz se ve desviada por la gravedad de las galaxias en su camino, y todas demuestran las teorías de Einstein.

El avance del perihelio de mercurio

Desde 1859 se sabía que la órbita de Mercurio no cumplía las leyes de la gravedad de Newton. Las órbitas de los planetas del Sistema Solar son prácticamente circulares, aunque forman una pequeña elipse, si bien Mercurio y Venus, debido a la proximidad del Sol, giran en órbitas elípticas más marcadas. Por otra parte, debido a la influencia gravitatoria de los otros planetas del Sistema Solar, el perihelio, o extremo más próximo al Sol de la elipse que forma Mercurio, no coincide en el mismo punto cada año, sino que se desplaza ligeramente 5,6 segundos de arco por año hacia el este, unos 0,43 segundos más de lo que predice la mecánica celeste de Newton. Esa desviación no se pudo explicar hasta la aparición de la teoría de la relatividad general de Einstein en 1916, que predecía ese pequeño avance en campos de gravitación fuertes, como el que se produce cerca del Sol.

Partículas relativistas

El comportamiento de las partículas subatómicas depende, en gran medida, de los principios de la teoría de la relatividad, sobre todo cuando las partículas son creadas, destruidas o transformadas, fenómeno que se produce en la naturaleza por diversas razones y que puede ser reproducida en los aceleradores de partículas.

Cuando una partícula es destruida o transformada, como puede suceder con protones o neutrones, que se descomponen en partículas más pequeñas, se suele producir una pérdida de masa que equivale exactamente a la prevista según la ecuación de Einstein $E=mc^2$. La creación de una partícula nueva requiere, por lo mismo, una cantidad inmensa de energía.

Las partículas relativistas más conocidas son los fotones, los gravitones y los neutrinos. Todos viajan a la velocidad de la luz. Ninguno de ellos tiene una masa real, pero su masa relativista es $m=E/c^2$, su energía dividida por la velocidad de la luz al cuadrado, una cantidad pequeñísima. La masa de los fotones también se puede calcular multiplicando su frecuencia por la constante de Planck, o unidad de energía. Los neutrinos, que se producen al descomponerse ciertas partículas, son muy difíciles de localizar, y tan sutiles que atraviesan la materia sin encontrar aparentemente ningún obstáculo.

Un experimento realizado con un tipo de partícula subatómica denominada *mesón* demostró que, cuando atravesaba la atmósfera terrestre procedente de los rayos cósmicos, su número disminuía a una velocidad mucho mayor que la esperada por la absorción atmosférica. Se descubrió que su supervivencia dependía de su velocidad. Los mesones se mueven casi a la velocidad de la luz, pero unos van más deprisa que otros. El experimento, realizado en 1940, demostró que los mesones más rápidos duraban más. Fue la primera confirmación experimental de la dilatación einsteniana del tiempo.

El rojo gravitatorio

La teoría de la relatividad también preveía que los campos gravitatorios provocan un aumento de la longitud de onda y una disminución de la frecuencia, lo que se traduce en un corrimiento hacia el rojo de los tonos observados en la superficie de una estrella o un planeta desde el exterior, tanto más rojiza cuanto mayor sea su campo gravitatorio, independientemente del tono provocado por la temperatura.

La causa, según Einstein, se debe a la pérdida de energía de los fotones que se alejan del campo gravitatorio hacia el observador, energía que ganaron durante su acercamiento debido a

Distorsión a la velocidad de la luz

Si nos acercamos a un objeto a una velocidad cercana a la de luz –y suponiendo que tuviéramos tiempo de observarlo– lo veremos como a través de una gran lente angular. Si a la velocidad normal no hay prácticamente diferencia en el tiempo que tardan en alcanzarnos los rayos de luz reflejados por todos los objetos que nos rodean, a medida que nos acercamos a la velocidad lumínica las diferencias empiezan a notarse. La luz emitida por los puntos más cercanos nos llega primero y los objetos se deforman. Vemos como a través de un tubo, con los contornos negros y los edificios doblados hacia atrás por los lados. Además, al acercarnos tan deprisa comprimimos las ondas de la luz y el objeto cambia de color, tienden a predominar los tonos violáceos. A todo esto hay que sumar la aberración de la luz provocada por la velocidad, como sucede con la lluvia, que parece inclinarse cuando circulamos en coche.

la gravedad y que devuelven cuando se separan. Una pérdida de energía se traduce en una disminución de la frecuencia y, por consiguiente, en un aumento de la longitud de onda. El espectro de la luz visible empieza en las ondas más estrechas de los tonos violetas, sigue por los tonos azul, verde, amarillo y naranja, y acaba en los tonos rojos, que son los que tiene la mayor amplitud de onda. Por supuesto, en los observatorios astronómicos se estudian espectros mucho más amplios, que incluyen todo el ámbito de la radiación electromagnética.

No sólo el alejamiento de las estrellas provoca un desplazamiento hacia el rojo de las radiaciones electromagnéticas, según indica el efecto Doppler, sino también su gravedad, como ya vimos antes, que nos indica la masa que tienen. Un astronauta que se adentrara en un agujero negro emitiendo rayos de luz con una linterna sería observado desde fuera como alguien que emite una luz cada vez más rojiza.

El efecto Doppler

El físico austriaco Christian Doppler (1803-1853) descubrió en 1842 la variación aparente de la frecuencia de una onda con relación a su movimiento con respecto al observador. En palabras claras, descubrió que las ondas del sonido se hacían más amplias si el objeto emisor se alejaba y más estrechas si se acercaba. Por supuesto, en su época, no se sabía nada de la radiación electromagnética, pero sus conclusiones se aplicaron perfectamente a la luz.

El ejemplo clásico hace referencia al silbido de un tren, pero se puede aplicar a cualquier sonido. Cuando el tren se acerca, las ondas se comprimen y el silbido se oye más agudo, y cuando el tren se aleja, las ondas se hacen más anchas y el sonido se vuelve más grave.

Con la luz, que también posee una naturaleza ondulatoria, pasa lo mismo; pero en lugar de cambiar el tono del sonido, cambia el del color. Cuando se acerca, los tonos predominantes en el espectro de la radiación electromagnética de la fuente tienden a ser azulados o violetas y cuando se aleja tiende a frecuencias más bajas y los tonos enrojecen. Este efecto se usa en astronomía para determinar la velocidad de alejamiento de una estrella.

El efecto Doppler demostró que el universo está en expansión, pues todas las galaxias visibles se separan unas de otras. En todas se produce el corrimiento hacia el rojo del espectro que demuestra que se alejan a gran velocidad, con mayor rapidez cuanto más lejos se encuentran. Este efecto no debió agradar a Einstein, que en un principio no contaba con la expansión del universo en sus cálculos.

El cosmos

L
a teoría de la relatividad es una puerta abierta a la imaginación. Actualmente, todavía no hay nadie que pueda asegurar cuál es la forma del universo, pero se han hecho infinidad de especulaciones.

El primer modelo cosmológico basado en la teoría de la relatividad lo propuso el mismo Einstein, aunque no tuvo demasiado éxito. Su idea era la de un universo en el cual el espacio-tiempo se curvara sobre sí mismo en todas direcciones, de manera que un viajero pudiera dar la vuelta completa al universo viajando en línea recta hasta volver al punto de partida. Para que esto se pudiera comprender, Einstein propuso una estructura espaciotemporal de cuatro dimensiones que se puede visualizar como un cilindro en cuya superficie está el universo. Conocido como *universo cilíndrico*, es el resultado de una esfera que avanza por el infinito. El rastro que deja a su paso da lugar a un cilindro, pero su superficie es la de una esfera desplazándose en el tiempo. Nosotros nos hallamos sobre esa superficie. Su peculiaridad está en que, vayamos por el lado que vayamos, siempre llegaremos a la misma galaxia que se halla al otro lado del cilindro, como creía Colón que se llegaba a las Indias. Sin duda, demasiado complicado y a la vez demasiado sencillo.

El problema del modelo de Einstein es que no tenía en cuenta la expansión del universo, porque en su momento nadie la conocía. Una vez descubierta, Einstein tardó quince años en reconocerla y aceptarla. Se preguntaba dónde se situaría el reloj de salida. En este aspecto, Einstein se apoyaba en uno de sus filósofos más admirados, el holandés Spinoza, que puso en duda la interpretación de la Biblia por razones de lógica científica y fue excomulgado y expulsado de su sinagoga en 1656. Einstein creía que el universo debía ser eterno, sin principio ni fin, y se inventó la constante cosmológica, una fuerza que se opone a la gravedad, que hace que todo se separe en el universo, para darle estabilidad. Sin embargo, como afirmó el físico ruso Alexander Friedmann en 1922, de su propia teoría de la relatividad general se podía deducir que el

La expansión del universo

En 1923 el astrónomo americano Edwin P. Hubble (1889-1953) descubrió una estrella en lo que se conocía entonces como nebulosa Andrómeda que estaba a unos 900.000 años luz. Teniendo en cuenta la abrumadora distancia, consideró que se trataba de otra galaxia. En 1929, comprobó que las nebulosas conocidas se alejaban a una velocidad que era proporcional a su distancia de la Tierra y sugirió que el universo se estaba expandiendo. Se calculó entonces que su edad era de unos dos mil millones de años, aunque en la década de 1950 se alargó a diez mil millones y en la actualidad se ha alargado aún más. Sin saberlo, Einstein proporcionó la pauta para que ese universo, curvo como una esfera, tuviera su origen en un punto, y empezaron a desarrollarse las teorías del Big Bang.

universo se estaba expandiendo. Las galaxias se separan unas de otras como si cada una de ellas fuera el centro del universo, y las que están el doble de lejos se alejan a doble velocidad. Es fácil de entender, pero difícil de aceptar.

El hecho de que Einstein negara este fenómeno le restó credibilidad durante algunos años. Cuando empezaron a desarrollarse las teorías del *big-bang*, el propio Einstein reconoció que se había equivocado. Recientemente, la idea de un universo cerrado, con límites, como el que él propuso, pierde empuje respecto a un universo abierto, en el que las galaxias se separan continuamente.

El horizonte de percepción

Algunos físicos han supuesto que el universo puede adoptar formas bastante curiosas, como la de un neumático o una silla de montar, y han presentado modelos matemáticos de acuerdo a sus proposiciones; pero no basta con proponer sólo la idea, sino que ésta debe cumplir una serie de exigencias que nadie ha logrado abarcar todavía.

Otros modelos basados en la relatividad suponen que cuanto más lejos se halla una galaxia y más deprisa se aleja de nosotros, más despacio nos parecerá que se mueve el tiempo en su interior, a causa de que se halla en otro sistema de referencia, hasta que está tan lejos y se aleje con tanta rapidez que ya nunca podremos verla. Estaría fuera de nuestro horizonte de percepción.

El horizonte de percepción es una idea curiosa: representa todo lo que vemos y lo que podemos ver en un momento determinado. Todos los sucesos que percibimos procedentes del espacio exterior pertenecen al pasado, debido al retraso de la luz al llegar a nuestros ojos. Cuando vemos las cosas que suceden a nuestro alrededor, ya han pasado. Ese retraso no es significativo en cuanto a todo lo que sucede en el ámbito terrestre, pero cuando miramos al cielo por la noche contemplamos la luz emitida por las estrellas hace decenas o centenares de años, y los telescopios nos permiten ver la luz emitida hace millones de años por estrellas que ya ni siquiera existen.

El Big Bang

La teoría del Big Bang –la gran explosión– postula que el universo se originó a partir de un punto extraordinariamente denso y caliente que explotó hace unos diez o doce mil millones de años, y dio lugar al universo conocido. El primero en hacer la propuesta fue el belga George Lemaître en la década de 1920. El ruso George Gamow desarrolló la idea en los años cuarenta. La interacción de toda la materia por medio de la gravedad, según la teoría de la relatividad de Einstein, es una de sus bases.

Gamow, que le dio la forma moderna a la idea, supuso que toda la materia del universo se concentraba en un solo punto, que podía tener un origen desconocido o proceder de un universo anterior a éste que se había contraído.

En un momento determinado, el universo contraído en un punto no puede soportar la presión y estalla. En los primeros instantes se establecen las normas que regirán durante toda la expansión y que dan lugar al universo tal como lo conocemos.

¿Por qué y cómo, o quién es el creador? No se sabe todavía. La teoría postula que el universo actúa como un yoyó, que se estira y se contrae con intervalos de miles de millones de años. Nadie sabe si cada vez que se reproduce la explosión se repiten las condiciones iniciales, o si cuando el universo se contraiga el tiempo irá hacia atrás. Ni siquiera se ha encontrado todavía la masa que necesita el universo para que deje de expandirse y vuelva a contraerse. Y en caso de reproducirse, ¿volverá a repetirse la historia de los hombres, como sugirió Nietzsche en su teoría del eterno retorno?

Hipótesis más recientes sugieren que, en un universo en expansión y relativamente joven, la luz de las estrellas más lejanas no ha alcanzado todavía la Tierra, ya que se alejan a velocidades que superan la de la luz, de manera que nunca llegaremos a verlas. Recordemos que el hecho de que no po-

La paradoja de Olbers

Los modelos cosmológicos que aparecieron después de Einstein son para todos los gustos, pero ya antes se había creado cierta polémica con la idea de que el espacio fuera infinito y hubiera estrellas en todos los confines del universo. El astrónomo alemán Wilhelm Olbers (1758-1840) sugirió en 1823 que si el espacio estuviera uniformemente cubierto de estrellas, enviándonos su luz, el cielo estaría completamente iluminado por las noches, convertido en una sábana de luz. Esta idea se conoce como *paradoja de Olbers*. La única explicación razonable que se encontró era que el número de estrellas fuera finito. Hasta 1920 no se descubrió que las estrellas estaban agrupadas en galaxias, de manera que había grandes espacios vacíos en el universo, y, aunque el número de estrellas seguía siendo infinito, no contradecía la observación.

damos observar nada que vaya a una velocidad superior a la de la luz no impide que esto suceda. Tan sólo no podremos apreciarlo.

Como es natural, la escasa belleza de un universo que se infla y se desinfla como un globo, sin que quede claro su origen, tuvo enemigos. El primero y más conocido fue el astrónomo británico Fred Hoyle, quien postuló un universo estacionario en el que la materia surgía en cualquier parte según las necesidades para mantener siempre la misma densidad en un universo en expansión. Pero esta teoría no explicaba el origen del universo y hoy está casi abandonada.

La confirmación más fehaciente de la teoría del Big Bang no llegó hasta 1965, cuando se descubrió la radiación de fondo del universo, una radiación de microondas que llena el universo por todas partes y que sólo puede explicarse como un remanente de la gran explosión, una especie de sonido de fondo o de rumor perpetuo de las primeras ondas emitidas, que en aquel instante debían ser de alta frecuencia pero que se han ido ensanchando con el tiempo. Su característica principal es que es totalmente uniforme, se busque por donde se busque, como si procediera de todas partes, así que ha de ser algo inmanente, que va con el universo y que existe desde el principio, como un temblor.

Aunque sea poco atractivo, el Big Bang, que emerge de lo desconocido y que vuelve a lo desconocido, es actualmente la teoría más aceptada para explicar la estructura del cosmos. Sin duda ha de haber un punto de origen en un universo que se expande y en el que el tiempo transcurre a diferentes velocidades, pero aparentemente en el mismo sentido. No cabe duda de que tuvo que haber un punto de partida, o nuestra concepción del tiempo está equivocada, pero resulta difícil imaginar un universo que va creando el espacio a medida que se ensancha. ¿Qué había antes? ¿Un espacio vacío y liso, sin curvaturas, infinito?

Las teorías más descabelladas se adhieren a esta idea, y sugieren, por ejemplo, que en ese espacio infinito aparecen muchos universos como el nuestro, como pompas de jabón que no acaban de estallar sino que vuelven a encogerse. Quizás esas pompas de jabón se crucen en el espacio y los quásares los produzca el choque de galaxias enteras en los límites de ambos universos.

Para que el universo deje de expandirse, los cálculos indican que hace falta una cantidad determinada de masa –no encontrada– cuya inercia detenga la expansión, y vuelva atrás impulsada por su propia gravedad. Si esa masa no aparece, la expansión podría continuar indefinidamente.

Algunas teorías sugieren que la gravedad pierde fuerza con la expansión, otras sugieren que aumenta con la curvatura del espacio-tiempo. Tal vez no sea necesaria la contracción, tal vez encontremos que al otro extremo del universo también está su origen, o que nos disolvamos en la nada.

Agujeros negros

El destino de las estrellas puede ser muy diverso. Cuando una estrella de tamaño medio, como el Sol, ha quemado todo el hidrógeno que le sirve de combustible y en su interior predomina el helio, su superficie se enfría. Entonces, tiende a expandirse como un globo y da lugar a una estrella gigante roja. Algún tiempo después, la gravedad vence a la fuerza de expansión y toda la estrella se contrae hasta con-

vertirse en lo que se llama enana blanca, una estrella apaga-
da sin importancia.

Cuando la estrella tiene una masa mayor que la del Sol, las
reacciones nucleares que se producen en su interior, una vez
iniciada la contracción, pueden hacer que explote dando lugar
a una supernova. En ese caso, todos sus componentes se verán
arrastrados por una gran onda de expansión hacia las áreas
más cercanas. Algunas teorías suponen que el Sistema Solar
se formó por una explosión cercana de este tipo.

Si la estrella es lo bastante grande, la contracción puede
vencer a la fuerza expansiva y entonces se forma una estrella
de neutrones, tan apretada que los átomos se desprenden de
sus electrones y sólo quedan los núcleos. Un pedazo del tamaño de un guisante pesaría tanto como la Tierra entera. Si la
estrella tuviera una masa de más de diez veces que la del Sol,
se contraería hasta dar lugar a un agujero negro. En él, la gravedad sería tan intensa que de su interior no podría escapar
ningún tipo de radiación.

En 1798 el matemático francés Henry Laplace ya había
previsto, de acuerdo con Newton, que una estrella muy den-
sa no dejaría escapar la luz. Pero fue la teoría de la relatividad
la que permitió entender mejor este fenómeno. Poco después
de que Einstein presentara sus teorías, el astrónomo alemán
Karl Schwarzschild calculó el radio que debería tener una
estrella de acuerdo a su masa para que la contracción fuese
irreversible.

Dentro de un agujero negro las leyes de la física que conocemos no tienen sentido. No se sabe si la materia desaparece,
si aparece en otro lugar del universo o si vuelve hacia atrás en
el tiempo. Ese entorno se conoce como *singularidad*, ya que es
algo que no tiene nada que ver con el resto del universo. Has-

ta ahora sólo se han encontrado supuestos agujeros negros, porque, como es lógico, no se dejan ver.

Se supone que existen en el centro de los quásares y las galaxias. Científicos como el inglés Stephen Hawking suponen que en el origen del universo se pudieron formar agujeros negros en miniatura muy variados que vagan por la galaxia, cerca de los cuales se forma materia y antimateria que luego desaparece. Uno de esos agujeros negros en miniatura podría haber provocado la misteriosa explosión de Tunguska, en Siberia, en el año 1908, que provocó una desviación cuyo origen no se ha desvelado todavía, cuando un objeto que no ha dejado rastros cayó del espacio y arrasó 65 kilómetros de bosques.

Geometría de Schwarzschild

El astrónomo alemán Karl Schwarzschild (1873-1916) fue uno de los primeros en estudiar las consecuencias de la gravedad de Einstein en la geometría del espacio. Schwarzschild fue un niño modélico, que a los 16 años ya había publicado un artículo sobre las órbitas celestes. Apenas publicada la teoría de la relatividad general, encontró una solución a las nuevas ecuaciones que definían el campo gravitatorio correspondiente a un cuerpo masivo. Descubrió el llamado *radio de Schwarzschild* para los cuerpos muy masivos, que predecía la existencia de los agujeros negros, pues indica el tamaño a partir del cual una estrella no puede dejar de contraerse. Por debajo de ese diámetro la gravedad es tan intensa que cualquier partícula o rayo de luz que lo atraviese cae en un pozo gravitatorio desde el que no puede escapar ni ser detectado.

Quásares

El descubrimiento de los quásares en los años sesenta dio lugar
a uno de los misterios más grandes de la astronomía moderna.
La relatividad y las teorías de la expansión del universo fueron
llevadas al límite por esos objetos increíblemente brillantes
y lejanos, cuya luz procede de un punto muy pequeño,
demasiado pequeño para ser una galaxia y demasiado grande
y brillante para ser una estrella. Los quásares se hallan tan lejos
que podrían estar en los límites del universo conocido,
y la intensidad de su radiación es tan grande que hace pensar
que se están destruyendo. La idea menos descabellada habla
de agujeros negros absorbiendo conglomerados de estrellas,
pero también podrían ser galaxias que han llegado a una
especie de límite en el que todo se destruye.
El quásar más brillante conocido se denomina 3C 273,
y también es el más cercano; se halla sólo a dos mil millones
de años luz de nosotros, y se supone una masa de gas girando
muy rápido en torno a un agujero negro. La mayoría de
quásares se encuentran a diez mil millones de años luz,
cerca de la edad límite del universo.

La unificación de las cuatro fuerzas

El objetivo fundamental de Einstein, después de haber dado
forma a la teoría de la relatividad, en la que explicaba geomé-
tricamente la gravedad y el espacio-tiempo, fue encontrar la
manera de hacer lo mismo con la radiación electromagnética
y unificarlas en una explicación común. Einstein pensaba que
tenía que haber una forma de definir la esencia misma de

todo lo existente, a partir de lo cual deducir todas las leyes de la naturaleza. En definitiva, se trataba de saber si las demás fuerzas fundamentales no serían aspectos de las mismas curvaturas que daban lugar a la gravedad. Pero Einstein murió sin encontrar las fórmulas y sin saber si sería verdad.

En la actualidad se conocen cuatro fuerzas fundamentales que controlan los diversos fenómenos naturales: la gravedad, el electromagnetismo y dos fuerzas nucleares, la fuerte y la débil. Se han logrado aunar bajo las mismas ecuaciones todas las fuerzas menos la gravedad, que sigue sin tener una partícula emisora, como las demás.

La fuerza nuclear fuerte, la más intensa, mantiene unidos a protones y neutrones en el núcleo del átomo, pero su radio de alcance es muy pequeño. La fuerza electromagnética, cien veces menor, es la causante de las radiaciones electromagnéticas, entre ellas la luz visible. La fuerza débil, muchísimo más débil, actúa entre los quarks –los componentes de protones y neutrones– y es la causante de la radioactividad natural. La fuerza electromagnética y la débil son manifestaciones de una sola fuerza llamada *electrodébil*. La fuerza de la gravedad es la menos intensa de todas, pero es la que tiene un radio de alcance más amplio, mantiene unido al universo y hace girar los planetas.

Cada una de estas fuerzas tiene un agente transmisor. La fuerte se transmite mediante gluones, la débil mediante bosones W y Z. Todas estas partículas tienen una masa conocida y son de corto alcance. La fuerza electromagnética se transmite mediante fotones, que carecen de masa y son de largo alcance. Los gravitones, como ya sabemos, no se han hallado todavía, pero se suponen también sin masa y de largo alcance, como los fotones.

Los últimos esfuerzos

El esfuerzo por encontrar la relación entre todas las fuerzas que prevalecen en el universo ha llevado a los físicos a ámbitos en los que necesitan toda una vida para acceder a sus teorías. Se han inventado las cuerdas cósmicas, líneas de una dimensión y una densidad extraordinaria, cuyas vibraciones se materializan en los diferentes tipos de partículas. Se mueven por el espacio a la velocidad de la luz, generando concentraciones de materia y curvando el espacio a su paso, incluidos los rayos procedentes de los quásares. Además, generan campos eléctricos y magnéticos en su desplazamiento y no se desintegran porque forman pequeños nudos que las mantienen estables. También llamadas *supercuerdas*, con ellas se consigue explicar la gravitación y se obtiene un universo de diez u once dimensiones –matemáticas–, seis de las cuales no son observables con las energías habituales. Por último, se ha desarrollado una teoría unificadora que se conoce como *teoría M*, que intenta dar sentido a todo este embrollo de tantas dimensiones.

La explicación más plausible pasa por considerar que todas las fuerzas y sus partículas son pequeñas partes del espacio-tiempo einsteniano. ¿Cómo? Aún no se sabe.

Masa y energía

En 1905, se estaban realizando los primeros experimentos sobre radioactividad, de modo que se sabía que ciertos átomos en determinadas condiciones emitían radiación gamma. Einstein razonó que el átomo resultante tenía que tener menos masa, y dedujo que la cantidad de masa perdida tenía que ser igual a la energía emitida: «Si un cuerpo libera la energía E en forma de radiación, su masa disminuye en E/c^2». Por lo tanto, una pequeña cantidad de materia puede producir ingentes cantidades de energía.

Más tarde, esta teoría pudo ser demostrada cuando se empezaron a desintegrar partículas en los laboratorios haciéndolas entrechocar. Siempre se perdía una pequeña cantidad de masa emitida en forma de radiación, cuya energía equivalía a la masa desaparecida. La misma energía del Sol se explicó aunando esta teoría y las nuevas teorías cuánticas. La inmensa gravedad permite la fusión de átomos en el seno del astro solar, de manera que el átomo resultante de helio tiene menos masa que los dos de hidrógeno que le han dado origen. A causa de esto obtenemos la energía calorífica y lumínica que nos da vida y su larguísima duración, pues consume pequeñas cantidades de materia. Aquella ecuación también explicaba la fisión nuclear, en la que, tras bombardear un núcleo de uranio, se desprenden las partículas que lo constituyen y una parte de energía. En ambos casos, se trata de fusión o de fisión, la pérdida de una pequeña parte de la masa produce efectos devastadores.

Einstein presentó esta fórmula en un artículo de tres páginas que se publicó a finales de 1905. Tardó cuatro años en ser reconocido por la comunidad científica.

La teoría cuántica

L a mecánica cuántica, con la que Einstein se debatió durante muchos años, describe y explica las propiedades de los componentes de las moléculas y los átomos, así como sus interacciones entre sí y con la radiación electromagnética. Se desarrolla a partir del verano de 1925, cuando un grupo de científicos alemanes, Werner Heisenberg, Max Born y Pascual Jordan por un lado y Erwin Schrödinger por el otro, publican importantes artículos sobre la física del átomo y de las partículas subatómicas.

La teoría cuántica ha realizado proposiciones extraordinarias desde el principio. Las leyes del mundo material a una escala superior al átomo son diferentes en el ámbito subatómico, y muchas están por descubrir. El vacío es un hervidero de partículas de materia y antimateria que aparecen y desaparecen. De la antimateria ya hablaremos más tarde, pero es una tentación irresistible dar más datos. Electrón y antielectrón, éste último conocido como positrón, pueden aparecer en el vacío absorbiendo la energía de un fotón y desaparecer enseguida volviéndose a transformar en una onda fotónica. Las posibilidades son asombrosas. El físico americano Richard Feynman (1918-1988), uno de los padres de la física moderna, premio Nobel en 1966 por sus trabajos sobre la interacción entre la luz y la materia, propuso que las antipartículas avanzaban hacia atrás en el tiempo. Todo lo que rodea la mecánica cuántica es asombroso, empezando por la sugerencia de que en los niveles más profundos de la materia, el tiempo y el espacio no existen. Pero vayamos por partes.

Sobre el movimiento browniano

Durante treinta años, Einstein se negó a aceptar la física cuántica, y sin embargo tuvo mucho que ver con su nacimiento. Nos referimos a otro de los artículos que publicó en 1905, de larguísimo título: «Sobre el movimiento de las pequeñas partículas suspendidas en un líquido estacionario de acuerdo con la teoría cinético-molecular del calor». El artículo versa sobre el movimiento que descubrió en 1827 el botánico escocés Robert Brown, que estudió el comportamiento de los granos de polen en el agua y observó con el microscopio cómo se agitaban constantemente, de forma aleatoria, sin saber la razón. Primero creyó que tenían algún tipo de vida, pero después probó con las partículas más pequeñas que pudo conseguir de resina, alquitrán, níquel, antimonio, etc., y siempre sucedía lo mismo. Más tarde se descubrió que el movimiento se debía a los choques de las moléculas del agua con las moléculas de las partículas. Explicar la contribución de Einstein no es nada fácil, porque se había seguido un largo camino cuando intervino.

Todo empezó con el estudio de los gases, y la comprobación de que cuando se dispersan en un recipiente, las moléculas de un gas chocan con las del gas precedente. El físico italiano Avogadro estableció en 1814 que todos los gases tienen, en las mismas condiciones de presión y temperatura, el mismo número de moléculas o de átomos en el mismo volumen. Que sean átomos o moléculas depende del elemento. Por ejemplo, la partícula estable más pequeña de helio es una molécula formada por un átomo, pero la partícula estable más pequeña de oxígeno es una molécula formada por dos átomos. Un solo átomo de oxígeno es demasiado inestable y reaccionaría enseguida con otros elementos para dar lugar a moléculas de sustancias más complejas.

El químico alemán Joseph Lochsmidt averiguó en 1895 el número de átomos existentes en un volumen determinado de gas. A partir de aquí se estableció el llamado *número de Avogadro*, que es el número de átomos que hay en un mol de cualquier sustancia: $6,24 \times 1.023$ átomos, tomando como base doce gramos de carbono. El peso de este número de átomos de cualquier elemento se convirtió en el peso molecular.

A este trasiego de números se le llama *mecánica estadística*, e incluye las ecuaciones que definen el movimiento de las partículas, ecuaciones que se han ido descubriendo poco a poco, como las reglas de un juego que se practica desde hace millones de años.

Einstein aplicó la mecánica estadística al movimiento browniano en el seno de un líquido. Imaginó que las diminutas partículas de Brown se comportaban como pequeñas esferas que colisionaban con las moléculas del agua, muchísimo más pequeñas. Einstein demostró que la distancia media recorrida por una partícula golpeada en el seno de un líquido aumentaba con la raíz cuadrada del tiempo transcurrido (es decir: después de cuatro segundos, el doble, después de nueve, el triple). Esta progresión indicaba el número de moléculas con las que se encontraba la partícula en su camino.

En 1908 se comprobó esta teoría. Por la distancia recorrida, el físico francés Jean Perrin calculó el número de partículas por centímetro cúbico. Los cálculos cuadraban con el número de Avogadro. La existencia de los átomos quedaba plenamente confirmada. Por esta comprobación, Perrin recibió el premio Nobel de Física en 1926.

He aquí como del sencillo trabajo de Einstein surgió algo extraordinario. Uno de los biógrafos de Einstein, Banest Hoffmann, sugiere que se le pudo ocurrir mientras tomaba el té y observaba como se disolvía el azúcar en el agua, algo nada extraño en una persona que se deleitaba estudiando los movimientos que hacía el humo de su pipa.

Los cuantos

Llegamos ahora al punto en que la física se vuelve más irracional todavía. Si ya costaba entender *el universo según Einstein*, sin embargo, a pesar de todo, era un mundo demasiado lejano para que tuviéramos que preocuparnos y se apoyaba de una manera o de otra en la geometría clásica, *el universo según los cuantos* resulta tan absurdo, está tan dentro del mundo de los sueños que muy pocos han podido siquiera planteárselo. Estamos hablando de la estructura de la materia y de su funcionamiento, y de teorías cuyas verdaderas implicaciones no se han descubierto todavía.

El cuanto fue introducido por Max Planck en 1900. Planck, que no tenía idea de las implicaciones de sus aportaciones, estudió la radiación emitida por la vibración de los átomos de un cuerpo negro, un cuerpo que teóricamente absorbe todas las radiaciones que recibe. Planck descubrió que los valores de

Max Planck (1858-1947)

Max Karl Ernst Ludwig Planck, premio Nobel de física en 1918, nació en Kiel, Alemania. Su padre fue profesor de derecho en esa ciudad, en cuya universidad Planck estudió física. Más tarde, fue profesor en las universidades de Múnich, Kiel y Berlín. Sus investigaciones sobre la radiación del cuerpo negro lo condujeron a formular las hipótesis sobre la discontinuidad de la energía y a definir los cuantos. Fue de los primeros en aceptar la teoría de la relatividad. Compartió con Einstein la fascinación por descubrir las leyes que gobiernan el funcionamiento de la naturaleza y del mundo.

la radiación electromagnética emitida –que había reducido al mínimo– tienen siempre unos valores que son múltiplos de la unidad y que nunca pueden ser valores intermedios. Estos pequeños paquetes o unidades de energía se llamaron cuantos, y daban a entender que cualquier rayo de energía estaba formado por una sucesión de pequeñísimas pulsaciones con entidad propia. En el caso de la luz, estas unidades de energía o cuantos, como ya sabemos, se llaman fotones.

La energía de un cuanto o fotón se obtiene del producto de su frecuencia (v, número de oscilaciones por segundo) por una constante denominada *constante de Planck*, h, cuyo valor es de $6{,}625 \times 10^{-27}$ ergios por segundo. La fórmula es $E = hv$.

Planck, como Einstein, estaba convencido de que la naturaleza se guiaba por medio de unas leyes absolutas e inmutables que no podían cambiarse. Lo único que teníamos que hacer era descubrirlas.

Einstein, que gustaba de comparar la energía con la cerveza de un barril del que sólo pudiera extraerse en botellas de cuarto de litro, intentó encontrar las implicaciones de este descubrimiento en otros fenómenos de la naturaleza, y descubrió el efecto fotoeléctrico.

El efecto fotoeléctrico

En 1905, el año de su máxima creatividad, Einstein propuso una teoría del efecto fotoeléctrico. Para entender el proceso, tenemos que hacer un pequeño repaso a la historia de una serie de descubrimientos.

En 1887 el físico alemán Heinrich Hertz (1857-1894) descubrió el efecto fotoeléctrico mientras comprobaba la teoría de Maxwell de la radiación electromagnética. Hizo incidir un rayo de luz sobre una placa conectada al polo negativo de una batería (cátodo) y descubrió que enviaba partículas de carga negativa hacia otra placa conectada al polo positivo de la batería (ánodo) que estaba enfrente y se producía una corriente. En 1897, J. J. Thomson denominó *fotoelectrones* (más tarde *electrones*) a estas partículas. En 1900, Philipp Lenard descubrió que estas partículas también se producían cuando un rayo de luz incidía en una superficie metálica y que la cantidad de electrones desprendidos dependía de la intensidad de la luz y de su frecuencia. A este efecto se lo llamó *fotoeléctrico* porque estaba provocado por la luz.

Hasta Einstein no hubo manera de encontrar una explicación a esta interacción de la materia y la luz. La clave estaba en la energía transportada por la luz. Se acababa de descubrir que la luz se desplazaba en forma de paquetes de energía llamados *cuantos*. Einstein supuso que estos paquetes de energía, que consideró enseguida como las unidades más pequeñas de la luz y llamó *fotones*, entraban en los átomos y colisionaban con los electrones y los impulsaban a desprenderse y a escapar de su superficie.

Cuando un fotón entra en un átomo tiene más o menos energía según su frecuencia. Recordemos que cuanto más corta es la amplitud de onda mayor es la frecuencia y la energía de los fotones. Si cuando choca con un electrón tiene más energía que la que lo mantiene sujeto a su órbita dentro del átomo, hará que se desprenda, pero si tiene menos, simplemente lo hará vibrar durante unos momentos sin que pueda escapar de la zona que tiene asignada. Vibrará con la energía

La célula fotoeléctrica

Las células fotoeléctricas, que abren las puertas automáticas, se basan en el efecto fotoeléctrico. Las más sencillas consisten en dos células formadas por un cátodo y un ánodo. Cuando un rayo de luz incide sobre el cátodo se inicia el flujo de electrones. En la oscuridad no se produce el intercambio, pero la iluminación excita el cátodo y se produce una corriente proporcional a la intensidad de la luz. En los sistemas de control modernos, la interrupción del rayo de luz emitido por el cátodo abre un circuito que pone en marcha un mecanismo, como puede ser el de abrir una puerta automática. Las células fotoeléctricas se usan también en cámaras de vídeo, colorímetros, alarmas contra incendio, detectores de humo, televisión, impresoras a color y diversos tipos de aplicaciones industriales.

extra aportada por el fotón, denominada energía cinética. Einstein demostró que, para que los resultados de los experimentos cuadraran, había que considerar el fotón como una partícula.

Hasta ese momento, sólo se había podido demostrar que el fotón se comportaba como una onda. La interferencia, la difracción, la polarización, todas las pruebas conducían a este razonamiento, y ahora Einstein mostraba a los fotones como pequeñas balas cargadas de energía.

Para entender el nuevo razonamiento, pensemos que un frente de onda es como una ola que cuando impacta con nosotros nos derriba. Hemos absorbido parte de su energía, pero la ola no se detiene por eso, nos sobrepasa fácilmente porque es más amplia que el espacio que ocupamos nosotros. Sin embargo, Einstein predijo que toda la energía del fotón era ab-

El piano y el violín

Planck y Einstein se reunían con frecuencia en Berlín. Planck era un hombre apegado a las tradiciones y muy patriota, y a Einstein ya lo conocemos: era un ciudadano del mundo abierto a todo, o a casi todo. A veces tocaban juntos: Planck el piano y Einstein el violín. El pobre Planck no veía el peligro de los nazis como Einstein. En una ocasión se entrevistó con Hitler para ayudar a un amigo suyo que era judío y fue tratado con rabia por el dictador. Resignado, trató de vivir lo mejor que pudo y lo hizo hasta los 88 años en Gotinga. Su casa fue destruida durante los bombardeos aliados y su hijo Erwin fue ejecutado después de formar parte de un complot contra Hitler en 1944.

sorbida instantáneamente por el electrón, y que para eso debía tener la forma de una bala.

En cualquier caso, un fotón también es una onda y para comportarse como una bala debe entrar en el electrón por entero y de una forma instantánea. Eso quiere decir que en el momento del choque tendría que moverse sobre sí mismo con más rapidez que la velocidad de la luz, pues ha de satisfacer el hecho de que la absorción del fotón y la emisión de un electrón se efectúan a la velocidad de la luz.

Veámoslo desde una perspectiva asombrosa: se abalanza sobre nosotros un cuanto de energía cuyas propiedades ondulatorias han sido demostradas una y cien veces, y, en el momento del impacto, la onda se transforma, como por arte de magia, en una partícula diminuta que nos traspasa inmediatamente toda su energía. Por estos trabajos, a Einstein le dieron el premio Nobel en 1921.

El principio de incertidumbre de Heisenberg

Después de haber desarrollado la teoría de la relatividad, Einstein se concentró en la naturaleza de la luz. Los cuantos eran una buena base para empezar a trabajar y, como la radiación electromagnética tiene unos márgenes muy amplios, había mucho que investigar en ambos extremos. A partir de las observaciones de Planck, Einstein empezó estudiando la capacidad de los cuerpos para absorber el calor según su naturaleza.

Pero la semilla de sus descubrimientos había germinado. Otros científicos que habían estudiado las teorías de Planck y de Einstein empezaron a mostrar los primeros frutos de su trabajo. El alemán Werner Heisenberg afirmó que era imposible comprobar la posición y el movimiento de partículas como los electrones con los instrumentos actuales. Era como intentar averiguar la posición exacta de un ratón entrando con un tanque en su madriguera. Lo más probable era encontrarlo aplastado en todos los casos.

En realidad, con lo que ahora sabemos, no necesitamos el ejemplo del ratón, porque tenemos claro que la observación necesita del impacto y la emisión de fotones para que las imágenes lleguen a nuestros ojos.

Eso quiere decir que para localizar y visualizar un electrón debemos enviarle un fotón y esperar su rebote en nuestra retina. Pero si bien los fotones no alteran los objetos que vemos

Werner Heisenberg y Niels Bohr

Heisenberg fue el físico y filósofo alemán (1901-1976) que introdujo las matrices en la mecánica cuántica al considerar el átomo como un conjunto de números. En 1927 publicó su famoso *Principio de incertidumbre*, con el que Einstein nunca estuvo de acuerdo. En 1932 le dieron el premio Nobel.

Su lucidez para las matemáticas le llevó a contribuir en diversos campos de la física: hidrodinámica, ferromagnetismo, rayos cósmicos, la estructura del núcleo atómico. Siempre reconoció haber sido influido por Einstein y el físico danés Niels Bohr (1885-1962), que fue el primero en aplicar la teoría cuántica a la estructura del átomo, trabajo por el que recibió el premio Nóbel en 1922. Bohr y Heisenberg desarrollaron la filosofía de la complementariedad, cuyo famoso *principio*, ideado por Bohr, afirma que los dos aspectos de la luz, el corpuscular y el ondulatorio, son complementarios.

normalmente, a nivel subatómico es diferente, porque al impactar sobre un electrón este fotón le transmite su energía, con lo que cambia su posición y su momento (o dirección). Es más, para ver una cosa tan pequeña como un electrón se han de usar rayos gamma de alta intensidad (que son, como si dijéramos, fotones de la más alta frecuencia), lo que aún afecta más a la partícula. Esta sencilla idea dio lugar al principio de incertidumbre, que afirma que la posición y la dirección de una partícula no pueden ser medidas con exactitud en un momento determinado.

Heisenberg lo demostró mediante una serie de ecuaciones denominadas *relaciones de incertidumbre*, que están en la base de la teoría cuántica.

De modo que nos encontramos ante uno de los principios fundamentales de la naturaleza. No podemos predecir los movimientos de una partícula porque no podemos saber dónde está y qué hace sin alterar su comportamiento.

A partir de esto, Bohr presentó, en 1927, la teoría de la complementariedad y aplicó el principio de incertidumbre a la naturaleza ondulatoria y corpuscular de la luz. Argumentó que cuando tratamos de comprobar su naturaleza ondulatoria, eliminamos sus propiedades corpusculares y viceversa. El observador se convierte en parte del fenómeno.

Cada vez que observamos un electrón en el interior de un átomo, nos encontramos con un electrón diferente, afectado por lo que se denomina *el salto cuántico* provocado por el fotón enviado para su observación. De modo que no podemos saber qué hace el electrón cuando no lo miramos. En consecuencia, el electrón puede encontrarse en cualquier lugar dentro del átomo, ya que su trayectoria es completamente impredecible. Si le lanzamos un fotón de baja frecuencia podemos localizar su posición, pero no su velocidad, y si le lanzamos un fotón de onda larga averiguamos su velocidad pero no su posición. Heisenberg concluyó que la trayectoria de un electrón no se parece en nada a una línea y que puede estar en cualquier sitio entre el límite máximo de su órbita y el núcleo del átomo.

El misterio de los dos agujeros

Uno de los experimentos relacionados con estas teorías nos trae a la memoria a Richard Feynman, quien propuso un experimento que aclara un poco las cosas –o las complica, según como se mire.

El experimento consiste en colocar una pared con dos agujeros entre una fuente de electrones y una pantalla detectora, y observar lo que sucede. Si enviamos un electrón hacia la pared y observamos la pantalla, el electrón, de naturaleza ondulatoria y corpuscular a la vez, atraviesa los dos agujeros como una ola y emerge al otro lado en forma de ondas que se interfieren y forman zonas sombreadas y zonas claras sobre la pantalla. Esta es una de las maneras de demostrar la naturaleza ondulatoria de la luz, pues las ondas, como podemos comprobar tirando dos piedras próximas en el agua, se suman o anulan cuando se cruzan.

En cambio, si en lugar de observar la pantalla observamos sólo uno de los agujeros, encontramos el electrón en forma de partícula allí dentro y entonces no se forma la figura de interferencia de ondas en la pantalla, sino que, por el contrario, la atraviesa como una bala. Y si miramos sólo en el otro agujero, estará allí, como si supiera dónde estamos mirando. Pero en cuanto dejamos de observar los agujeros y nos volvemos a la pantalla, se comporta como una onda y forma la figura de interferencia, y entonces no hay partícula. Es como si, cuando no se mira, el electrón no supiera por qué agujero pasar y eligiese pasar por los dos como una onda, pero una vez miramos uno de los agujeros, decidiese pasar por ese únicamente y comportarse como una bala.

La interpretación de Copenhague

Durante mucho tiempo, Einstein discutió el principio de incertidumbre que propugnaba Heisenberg. Su postura era consecuente con sus ideas, ya que se mostró como el hombre ordenado y creyente que es. Como Newton, creía que Dios había puesto un orden y que no había lugar a la incertidumbre en las leyes de la naturaleza. En cambio, Bohr tomo partido y lo utilizó para crear una nueva filosofía de la ciencia.

Einstein, que se enfrentó a Bohr desde el Congreso Solvay de 1927 hasta su muerte, sugería que en el universo todo estaba perfectamente determinado por su situación en el espacio-tiempo y que todo efecto tiene una causa cognoscible.

Bohr dijo que no podíamos conocer lo que estaba sucediendo en este preciso momento y que por lo tanto las consecuencias de su estado eran impredecibles. Añadió además que no podía haber un conflicto entre las dos teorías, y que la teoría cuántica debía utilizarse para describir la estructura de la realidad. El fotón lanzado contra los dos agujeros podía estar en cualquiera de ellos y por lo tanto había dos mundos posibles en ese momento. Una vez observado, sólo quedaba uno de los mundos, pero antes de la observación los dos eran posibles al cincuenta por ciento.

Las implicaciones de esta idea, conocida como *interpretación de Copenhague*, lugar de residencia de Bohr, son tremendas. Lo más sencillo que nos podemos imaginar es que simplemente eligiendo el lugar de observación podemos elegir el mundo que tendremos, es decir, el futuro. Bohr decía que la realidad es una especie de híbrido entre los dos mundos posibles, pero el hecho de que podamos elegir uno de ellos implica la posible existencia del otro. La infinidad de posibilidades asociadas a todas las partículas, que pueden comportarse de la misma manera que los electrones, dan lugar a una cantidad inimaginable de mundos fantasmas. ¿Significa esto que haciendo un pequeño esfuerzo podemos elegir el mundo en el que queremos vivir? Si todos pudiéramos hacerlo, habría

La caja ideal de Einstein

En una reunión en el Congreso Solvay de Bruselas de 1930 en la que Bohr estaba presente, Einstein presentó un experimento para demostrar que las tesis de Heisenberg eran falsas. Imaginó una caja ideal llena de espejos en la que se introducía un rayo de luz. La caja se pesaba y después se dejaba salir el rayo, con lo cual se averiguaba el momento y la energía de los fotones, contradiciendo una de las interpretaciones del principio de incertidumbre. Después de una noche sin dormir, Bohr presentó un contraexperimento en el que demostraba que la teoría de la relatividad que había desarrollado el propio Einstein impedía calcular el tiempo exacto de la apertura debido a su altura y a las condiciones del reloj. Einstein tuvo que reconocer que era verdad y que había perdido aquella batalla, pero no la guerra.

infinitos mundos paralelos que se desarrollarán de acuerdo a la voluntad de cada individuo. Realmente, las implicaciones dan lugar a una filosofía del mundo y de la vida nueva y casi impensable. No es extraño que una persona como Einstein, con un sentido común muy desarrollado, negará estas ideas hasta el último momento.

El gato de Schrödinger

La paradoja del gato apareció en 1935 en la revista *Naturwissenschaften*. Einstein lo consideró como la manera más bonita de mostrar el carácter incompleto de la representación ondulatoria de la materia.

Schrödinger sugirió imaginar una caja cerrada con cuatro cosas: una fuente radiactiva, un detector de radiactividad, una botella con cianuro y un gato vivo. El experimento está diseñado de manera que exista una probabilidad del 50 % de que uno de los átomos del material radiactivo se desintegre. Si lo hace, el detector recibe el mensaje, rompe la botella de veneno y el gato muere.

Nadie sabe si el gato está vivo o muerto hasta que no se abre la caja y observa el contenido, pero he aquí que la desintegración radiactiva es un fenómeno aleatorio e impredecible y que la onda radiactiva se ha producido y no se ha producido; de la misma manera que el electrón era una onda que pasaba por los dos agujeros y no actuaba como una partícula hasta que observamos uno de los dos agujeros. Mientras no se realice la observación, la botella de veneno estará entera y rota a la vez, y el gato estará vivo y muerto a la vez, hasta que alguien abra la caja y eche una mirada.

Erwin Schrödinger (1887–1961)

Físico austriaco que sucedió a Planck en la Universidad de
Berlín. Premio Nobel de física en 1933. El nazismo le hizo huir
a Gran Bretaña e Irlanda, desde donde volvió a Viena en 1955.
Fue uno de los creadores de la mecánica ondulatoria. Estableció
la ecuación que lleva su nombre para calcular la función
de onda de una partícula que se desplaza por un campo dado
y relacionó las mecánicas de Louis de Broglie y de Heisenberg.
Sus aportaciones han ido acompañadas siempre de una
reflexión filosófica. Es famoso entre los aficionados por
la paradoja del gato de Schrödinger. Su obra más conocida
es *Memorias sobre la mecánica ondulatoria*, de 1938.

La conclusión más osada de este experimento es que nada
es real hasta que no es observado, o tal vez que todo el universo sólo existe desde el momento en que es observado por seres
inteligentes, como sugirieron Eugene Wigner y John Wheeler,
dos de los científicos que han estudiado con más interés las
derivaciones de la teoría cuántica.

Wigner sugirió colocar a una persona en lugar del gato, conocido en el ámbito científico como *el amigo de Wigner*, alguien
capaz de hacer la observación por sí mismo. Da igual, nadie
sabrá si está vivo o muerto hasta que no se abra la caja, y si estuvieran en un edificio cerrado, nadie más lo sabría hasta que
no se abrieran las puertas, y así sucesivamente hasta abarcar el
universo entero.

El resultado de este rompecabezas tiene que ver con el axio-
ma principal de la teoría cuántica: ningún fenómeno elemental
existe hasta que es detectado, y la manera de detectarlo impo-

ne sus condiciones. La observación condiciona el fenómeno y lo hace cambiar, como si desde que medimos la humedad en un lugar determinado no volvieran a producirse las nieblas que antes eran tan frecuentes. ¿Qué hemos cambiado? Por supuesto, podemos argüir, esto no es aplicable a escala humana, sino que debe aplicarse a escala de partículas subatómicas, pero no hay duda de que el gato de Schrödinger y el amigo de Wigner nos hacen meditar sobre sus consecuencias.

En 1939 Einstein escribió una carta a Schrödinger en la que le felicitaba por el argumento del gato sumido en el limbo cuántico y le hablaba de el Místico, como llamaba a Bohr, lamentándose de sus ideas, más convencido que nunca de que la mecánica cuántica es una explicación incompleta de la realidad. Hacia el final de la carta, Einstein dice: «Te escribo, no porque tenga esperanzas de convencerte, sino con la única intención de exponerte mi punto de vista, que me ha condenado a una profunda soledad» (Banesh Hoffmann, *Einstein*). Schrödinger dijo en una ocasión de sus propias averiguaciones: «No me gusta, y siento haber tenido alguna vez algo que ver con ello» (John Gribbin, *En busca del gato de Schrödinger*).

Comunicaciones instantáneas

Una vez instalado en Princeton, Einstein continuó ideando experimentos que demostraran la falsedad de la teoría cuántica. En 1935, junto con Boris Podolsky y Nathan Rosen, presentó la paradoja conocida como de *Einstein, Podolsky y Rosen* o *paradoja EPR*.

La paradoja proponía separar dos partículas que hubieran estado relacionadas hasta ese momento y cuyo momento total y posición inicial fueran conocidos, de modo que nada ni nadie interfiriera con ellas. Supongamos dos protones, cuyo momento angular sólo puede ser $+1/2$ o $-1/2$, formando un par de momento total cero, o sea uno de cada tipo. Estamos hablando de una configuración llamada *singlete*, en la que dos protones tienen un momento angular (o *spin*: la dirección que posee la partícula en el espacio) cero. Separamos los protones y al cabo de un tiempo miramos el momento de uno de ellos. Como el momento total ha de seguir siendo cero, sabremos el momento del otro protón sin necesidad de medirlo. Con la posición tendremos que hacer lo mismo. Miramos la de uno de ellos y, como sabemos su punto de partida, velocidad y dirección, también conoceremos la posición del otro, por muy lejos que se encuentre, sin necesidad de medirla. Ya tenemos la manera de medir momento y posición de un protón sin interactuar con él. Einstein aseguró que había una variable oculta que los defensores de la teoría cuántica no conocían y que sin duda era la explicación de aquel fenómeno que acababa con el principio de incertidumbre.

Einstein se había encontrado con un efecto misterioso que denominó *espeluznante* o *fantasmal*, (*spooky*), porque si era cierto, al interactuar con una de las partículas para observarla, la otra cambiaba para seguir complementando a la primera. Luego había algo verdaderamente erróneo en la mecánica cuántica, puesto que nada podía viajar a una velocidad superior a la de la luz.

Años más tarde, el físico británico John Stewart Bell demostró con una serie de experimentos que esto era posible con cualquier partícula de este tipo. El teorema de Bell demostraba la conexión entre fotones correlacionados, aunque se hallaran a gran distancia, y sin la necesidad de una variable oculta que desmintiese la teoría cuántica. Las ecuaciones de Bell son demasiado complicadas para exponerlas aquí, pero baste saber que demuestran que cualquier cambio en el momento de un fotón correlacionado con otro produce instantáneamente el mismo cambio en el otro.

Una de las explicaciones más curiosas, del físico francés Costa de Beauregard, sugiere que la información viaja hacia atrás en el tiempo, hasta que los fotones se hallan juntos, y luego hacia delante en el tiempo hasta el momento del cambio. Por eso parecen suceder al mismo tiempo. Ya hemos comentado antes que para los fotones el tiempo no tiene importancia, porque viajan a la velocidad de la luz.

Lo cierto es que esta idea, que aún se discute actualmente, es una puerta abierta a las comunicaciones a una velocidad superior a la de la luz, puesto que cualquier cambio en un fotón se reproduce en el otro instantáneamente. Algunos charlatanes han querido relacionar fenómenos como éste con la telepatía y la telequinesia, pero estas interpretaciones carecen de todo fundamento.

La antimateria

En este último apartado sobre las consecuencias de la teoría de la relatividad es preciso explicar cómo se hizo compatible con la mecánica cuántica y dio lugar a uno de los descubrimientos más sorprendentes del siglo xx: la antimateria.

La materia constituye todo el universo observable, y junto con la energía, da pie a todos los fenómenos observables. Está formada por átomos, compuestos a su vez de partículas subatómicas, protones, neutrones, electrones, etc., y está sometida a una serie de propiedades, como la gravedad. De acuerdo a la relatividad de Einstein, la materia y la energía son intercambiables y equivalentes.

La antimateria se puede definir de la misma forma, pero las partículas que la constituyen resultan ser la contrapartida –de signo contrario– de las partículas que forman la materia: antiprotones, antineutrones, positrones (antielectrones), etc. Materia y antimateria no existen juntas, ya que si se encuentran se destruyen con una gran liberación de energía, según la ecuación de Einstein $E=mc^2$. Se supone su existencia en galaxias lejanas, pero hasta el momento no se ha podido probar.

La existencia de la antimateria fue descubierta por el físico inglés Paul Dirac en 1930 y el primer positrón fue encontrado en 1932. Un positrón, o antielectrón, es exactamente igual

Paul Dirac

El físico inglés Paul Adrien Maurice Dirac (1902-1984) es conocido por haber introducido la relatividad en mecánica ondulatoria y ser uno de los fundadores de la mecánica cuántica. Empezó a destacar en matemáticas muy joven, en el Saint John's College de Cambridge, donde estudió y fue profesor. En 1926, pocos meses después que Born y Jordan, estableció las leyes que gobiernan el movimiento de las partículas subatómicas. En 1930 predijo la existencia del antielectrón, que denominó *positrón*, y ese mismo año escribió su libro más conocido: *Principios de la mecánica cuántica.* Recibió el premio Nobel de física en 1933, junto con el austriaco Schrödinger.

que un electrón, pero posee carga positiva. Se escribe e^+ y se genera bombardeando protones con haces de energía en aceleradores de partículas. Su duración es de muy pocos instantes, pues enseguida encuentra un electrón de materia contra el que destruirse y ambos desaparecen en forma de rayos gamma de alta energía.

En 1955 fue descubierto el primer antiprotón, de carga negativa, y en 1995 fue creado el primer átomo de antimateria en el Laboratorio Europeo de Partículas, el CERN, un antiátomo de hidrógeno formado por un positrón girando en torno a un antiprotón.

Ahora que sabemos todo esto, no resulta muy difícil imaginar una nave espacial cuya fuente de energía sea el choque de materia y antimateria. La antimateria se puede confinar en campos magnéticos, de forma que no toque las paredes del recipiente que la contiene, y se puede liberar poco a poco hacia el interior de un reactor, donde la energía obtenida sea equivalente al producto de su masa por la velocidad de la luz al cuadrado, como aseveró Einstein.

Pero tal vez lo más sorprendente sea la propuesta de Feynman, que comentamos al principio, de que los positrones podían ser electrones viajando hacia atrás en el tiempo. Gracias a esto, podríamos enviar mensajes al pasado.

No resulta nada difícil imaginar la mirada de reprobación de Einstein. Podríamos enviar al pasado descubrimientos que hicieran avanzar la ciencia siglos de tiempo, pero estaríamos destruyendo el futuro que conocemos, o tal vez no, si se desarrolla en otro de esos mundos fantasmas sugeridos por el principio de incertidumbre. Tal vez no sea posible acertar con nuestra línea del tiempo, o tal vez se puedan enviar ideas sorprendentes al pasado, como la de que existe algo llamado espacio-tiempo, e implantarla en una mente preclara, capaz de entenderla y desarrollarla. El mismo Einstein reconocía una intuición o inspiración venidas de no se sabe dónde, una música inherente a todos los genios que... No, es imposible que Mozart hubiera oído esa música procedente del futuro. Su música, al igual que las ideas de Einstein, estaban demasiado imbricadas con los conocimientos de su tiempo, eran como la pieza maestra de un engranaje que llevaba mucho tiempo construyéndose.

Influencia de la relatividad en el pensamiento

Las implicaciones de la teoría de la relatividad son tan importantes en el pensamiento moderno que buena parte de ellas se han imbricado en nuestra vida cotidiana. Dejando de lado los aspectos sociales, la nueva visión del universo que nos ofrecen tanto la relatividad como la mecánica cuántica requiere borrón y cuenta nueva, o mejor, requieren un cambio de paisaje. El espacio y el tiempo que conocemos desaparecen como por encanto y en su lugar encontramos el espacio-tiempo, la suma de todos los instantes vividos, llenos de curvas que ni siquiera podemos imaginar, pero en cuyo seno se halla la materia y nos hallamos nosotros. Filósofos como Bertrand Russell han escrito largo y tendido sobre las implicaciones filosóficas de la teoría de la relatividad, y la mecánica cuántica ha tomado el testigo y lo ha llevado tan lejos que se muestra fuera del alcance de la mayoría de nosotros.

Pero no sólo la aparición del espacio-tiempo cambia la nueva manera de pensar. La relatividad del tiempo, que no es igual en todas partes, representa, para quien lo piense a fondo, un fenómeno extraordinario. Pensemos que simplemente elevándonos en un avión el tiempo transcurre mas despacio. Otra implicación de la relatividad se refiere al ámbito de las leyes de la física, que cambian completamente. Las leyes clásicas o newtonianas se conservan en límites muy cercanos, las leyes trascendentales del universo quedan completamente transformadas, o creadas, según se mire.

También es importante la desaparición del concepto de fuerza, o tirón, en la definición de la gravedad. Ahora nos movemos por líneas suavemente curvadas a lo largo del espacio-tiempo, pero nadie nos arrastra, ni caemos, sólo nos movemos siguiendo las curvas naturales. Y no podemos descartar la mirada al universo que nos muestra el pasado sobre nuestras cabezas, porque nada de lo que vemos está sucediendo en este instante.

Se cuentan infinidad de anécdotas sobre la vida de Einstein, y muchas de las cosas que dijo pueden escribirse en cualquier página que quiera presentar una imagen divertida del genio: que la cuarta guerra mundial se desarrollará con palos y piedras; que lo hubiera sentido por el buen Dios si su teoría no hubiese coincidido con la realidad porque era cierta; que su profesión era modelo por las horas dedicadas a posar para la prensa; que si él prefería llamar a la teoría de la relatividad *teoría de los invariantes* porque el espacio-tiempo es igual para todos; que si se cortaba la mangas de las camisas para no tener que abrocharse los puños...

Da igual, a pesar de sus excentricidades y su campecharía, Einstein quedará en nuestra memoria como uno de los genios más grandes de la historia, un amante de la paz y el símbolo de una nueva era que comienza.

Bibliografía

Quien quiera ampliar conocimientos sobre la vida de Einstein puede acudir a su legado. Todas sus cartas, libros, notas y manuscritos fueron cedidos a la Biblioteca de la Universidad Hebrea de Jerusalén. La correspondencia de Einstein es muy abundante. Sólo con lo que hay en Jerusalén se pueden publicar treinta tomos. Pero eso no es todo. En el Instituto de Estudios Avanzados de Princeton se halla un archivo con más de cuarenta y cinco mil documentos de su época pasada en Estados Unidos. Y esto es sólo una parte de todo lo que se puede conseguir sobre Einstein, pues muchas de las cartas que escribió todavía siguen en manos de sus destinatarios.

Obras consultadas por el autor

ARCHIBALD, John (1994): *Un viaje por la gravedad y el espacio-tiempo*, Madrid: Alianza.

BERNSTEIN, Jeremy (1992): *Einstein. El hombre y su obra*, Madrid: Mcgraw-Hill.

EINSTEIN, Albert, GRÜNBAUM, A., EDDINGTON, A. S. y otros (1973): *La teoría de la relatividad*, Madrid: Alianza.

EINSTEIN, Albert (1994): *Correspondencia con Michele Besso*, Barcelona: Tusquets.

—— e INFIELD, Leopold (1995): *La evolución de la física*, Barcelona: Salvat.

——(2000): *Mis ideas y opiniones*, Barcelona: Bon Ton.

GAMOW, George (1987): *Biografía de la física*, Barcelona: Salvat.

GARDNER, Martin (1988): *La explosión de la relatividad*, Barcelona: Salvat.

GRIBBIN, John (1986): *En busca del gato de Schrödinger*, Barcelona: Salvat.

HERMANN, Armin (1997): *Einstein, en privado*, Madrid: Temas de hoy.

HOFFMANN, Banesh (1984): *Einstein*, Barcelona: Salvat.

HOLTON, Gerald (1998): *Einstein, historia y otras pasiones*, Madrid: Taurus.

RUCKER, Rudy (1987): *La cuarta dimensión*, Barcelona: Salvat.

SPIELBERG, Nathan, y D. ANDERSON, Bryon (1990): *Siete ideas que modificaron el mundo*, Madrid: Pirámide.

WEINBERG, Steven (1994): *El sueño de una teoría final*, Barcelona: Crítica.

WICKERT, Johannes (1990): *Albert Einstein*, Barcelona: Edicions 62.

WILL, Clifford M. (1992): *¿Tenía razón Einstein?*, Barcelona: Gedisa.

Otras obras sobre Einstein y la relatividad

BALIBAR, Françoise (1999): *Einstein, el gozo de pensar*, Barcelona: Ediciones B.

Berkson, William (1985): *Las teorías de los campos de fuerza: desde Faraday hasta Einstein*, Madrid: Alianza.

Claisson, Eric (1990): *Relatividad, agujeros negros y el destino del universo*, Barcelona: Plaza & Janés.

Durán, Armando (1987): *Conmemoración del centenario de Einstein*, Madrid: Real Academia de Ciencias.

Einstein, Albert (1991): *Ciencia y religión: una breve antología de textos de A. Einstein*, Barcelona: Casal del Mestre.

——y Grunbaum, Adolf (1998): *La teoría de la relatividad*, Madrid: Alianza.

——(1999): *Sobre la teoría de la relatividad especial y general*, Madrid: Alianza.

García, Enrique (1992): *Grandes personajes: Albert Einstein*, Barcelona: Labor.

Geroch, Robert (1985): *La relatividad general: de la A a la B*, Madrid: Alianza.

Griblin, Jean-François (1984): *Historia de un niño retrasado o la vida de Albert Einstein*, Barcelona: Versal.

Heisenberg, Werner (1985): *Encuentros y conversaciones con Einstein, y otros ensayos*, Madrid: Alianza.

Hermann, Armin (1997): *Einstein*, Madrid: Temas de hoy.

Highfield, Roger, y Carter, Paul (1996): *La vida privada de Albert Einstein*, Madrid: Espasa-Calpe.

Hoffmann, Banesh (1985): *La relatividad y sus orígenes*, Barcelona: Labor.

Holton, Gerald (1982): *Ensayos sobre el pensamiento científico en la época de Einstein*, Madrid: Alianza.

Le Sahan, Lawrence y Margenau, Henry (1985): *El espacio de Einstein y el cielo de Van Gogh*, Barcelona: Gedisa.

López, Ángel L. (1983): *Teoría de la relatividad del espacio y del tiempo*, Madrid: ETS de ingenieros industriales.

MACDONALD, Fiona (1992): *Albert Einstein*, Madrid: SM.

NAVARRO, Luis (1990): *Einstein: profeta y hereje*, Barcelona: Tusquets.

PAIS, Abraham (1984): *El señor es sutil: la ciencia y la vida de Albert Einstein*, Barcelona: Ariel.

PARES, Ramón (1987): *La revolución científica: de Tales de Mileto a Einstein*, Madrid: Pirámide.

PARKER, Steve (1995): *Albert Einstein y la relatividad*, Madrid: Celeste.

PREISS, Byron (1998): *Einstein y su teoría*, Madrid: Anaya Multimedia.

PYENSON, Lewis (1990): *El joven Einstein*, Madrid: Alianza.

RUSSELL, Bertrand (1989): *ABC de la relatividad*, Barcelona: Ariel.

SÁNCHEZ, José Manuel (1985): *El origen y desarrollo de la relatividad*, Madrid: Alianza.

——(1992): *Espacio-tiempo y átomos*, Madrid: Akal.

SCHWARTZ, Jacob T. (1964): *Teoría de la relatividad en imágenes*, Madrid: Dossat.

SCHWINGER, Julian (1995): *El legado de Einstein*, Barcelona: Prensa científica.

SELLÉS, Manuel A. (1984): *En torno a la génesis de la teoría especial de la relatividad*, Madrid: CSIC.

SMITH, James H. (1978): *Introducción a la relatividad especial*, Madrid: Reverté.

STRATHERN, Paul (1999): *Einstein y la relatividad*, Madrid: Siglo XXI.

TRBUHOVIC, Desanka (1992): *A la sombra de Albert Einstein*, Barcelona: Ediciones de la Tempestad.

Cronología

1879

Nace el 14 de marzo en Ulm, Alemania.

El año anterior Edison había inventado la lámpara eléctrica incandescente. Aparecen las primeras locomotoras eléctricas.

1880

La familia se traslada a Múnich.

1881

El 18 de noviembre nace su hermana Maja.

Muere Dostoievski y nace Pablo Picasso.

1889

Ingresa en el Instituto Luitpold de Múnich.

Nietzsche es ingresado en un psiquiátrico después de un año de una creatividad extraordinaria. Nace Charles Chaplin, a quien Einstein conocerá en 1930.

1894

Abandona el instituto y viaja a Milán, donde están sus padres. Asiste al Colegio Suizo. Renuncia a la nacionalidad alemana y es apátrida hasta los veintiún años, en que conseguirá la nacionalidad suiza.

Rudyard Kipling publica *El libro de la selva*.

1895

Suspende el examen de ingreso en la Escuela Politécnica Federal Suiza, donde pretende estudiar ingeniería eléctrica, e ingresa en la escuela superior del cantón de Argovia, en Aarau.

1896

Se matricula en la Escuela Politécnica para estudiar matemáticas y física. Conoce a Mileva Maric (1875-1948), su futura esposa.

Henri Becquerel descubre la radiactividad.

1900

Acaba la licenciatura. Intenta conseguir la plaza de ayudante en el Instituto Politécnico Federal del Zúrich.

Mueren Nietzsche y Oscar Wilde. Freud publica *La interpretación de los sueños*. En España se prohíbe trabajar a los menores de diez años.

1901

El 21 de febrero adquiere la ciudadanía suiza. Entre el 21 de mayo y el 14 de agosto es profesor ayudante en la Escuela Técnica de Winterthur. Trabaja también como profesor ayudante en un internado de niños en Schaffhausen. Publica *Consecuencias de los fenómenos de capilaridad*.

Se entregan los primeros premios Nobel. Australia se independiza. Aparecen en Alemania los coches Mercedes.

1902

Muere su padre en Milán. El 23 de junio ingresa en la Oficina Federal de Patentes de la Propiedad Intelectual de Berna.

Alfonso XIII es coronado rey de España. Estados Unidos adquiere el Canal de Panamá. Aparecen los primeros tractores agrícolas.

1903

Se casa el 6 de enero con Mileva Maric, licenciada en la escuela cantonal de Zúrich.

Acaba la guerra civil en Venezuela. Se celebra el Sexto Congreso Sionista con la demanda de un estado hebreo en Palestina.

1904

El 14 de mayo nace su primer hijo, Hans-Albert, que en 1937 se convertirá en profesor de Hidráulica en la Universidad de Berkeley, en California, EE UU.

Guerra ruso-japonesa. Los hermanos Wright consiguen realizar el primer vuelo en curva en EE UU.

1905

Presenta su tesis doctoral sobre las dimensiones moleculares, descubre el efecto fotoeléctrico por el que le darán el Premio Nobel en

1921 y presenta una primera publicación sobre la teoría de la relatividad titulada *Movimiento electrodinámico de los cuerpos.*

Estalla la revolución de 1905 en Rusia.

1908

En febrero, entra como catedrático en la Universidad de Berna. Sólo asisten tres alumnos a sus clases.

Sale a la venta el Ford T, primer automóvil de venta masiva en EE UU. Se inaugura el Palau de la Música Catalana. Bulgaria se proclama independiente. Pu Yi es coronado emperador en China.

1909

En octubre abandona la Oficina de Patentes para incorporarse a la cátedra que le ha ofrecido la Universidad de Zúrich. Poco después, es nombrado doctor *honoris causa* por la Universidad de Ginebra.

1910

El 28 de julio nace su segundo hijo, Eduard.

La esclavitud es abolida en China. Mueren Mark Twain, Robert Koch, Eduardo VII de Inglaterra y León Tolstói. Se proclama la república en Portugal. Empieza la revolución mexicana.

1912

Publica *Influencia de la gravitación en la propagación de la luz.* Entra como catedrático de física teórica en la Escuela Politécnica Federal de Múnich.

En Alemania empieza a usarse la luz de neón. Guerra en los Balcanes y en México.

1913

Publica *Sobre la teoría general de la relatividad y la teoría de la gravitación*, con Marcel Grossmann. Es elegido miembro de la Academia de Ciencias de Prusia en Berlín y director del Instituto de Investigación de Física Kaiser Wilhelm.

Madero es asesinado en México. Sigue la guerra en los Balcanes. Ford construye la primera cadena de montaje industrial.

1914

Abandona Zúrich. Mileva se queda en la ciudad con sus dos hijos.

Estalla la primera guerra mundial con el asesinato del archiduque Francisco Fernando en Sarajevo. Se inaugura el canal de Panamá.

1916

Termina la teoría general de la relatividad. Empieza sus investigaciones sobre una teoría de la gravedad.

Empieza la batalla de Verdún. Se proclama el reino independiente de Polonia. Muere Francisco José I, emperador de Austria y rey de Hungría. Pancho Villa conquista Chihuahua.

1917

Publica el primer libro dirigido al gran público sobre la teoría de la relatividad: *Sobre la teoría de la relatividad general y especial*.

Alemania declara la guerra submarina total para romper el bloqueo aliado, que mantiene el país desabastecido. Estados Unidos entra en guerra contra Alemania. Estalla la revolución de febrero en Rusia.

1919

Desde el año anterior, da clases en la Universidad de Zúrich. Una expedición organizada por la Royal Society de Londres, confirma, durante un eclipse, la curvatura de la luz en un campo gravitatorio. Se divorcia de Mileva y se casa con su prima Elsa Einstein.

Crisis económica en EE UU. Se crea la Sociedad de Naciones. Firma del Tratado de Versalles.

1920

Empieza a hacerse popular. Catedrático en la Universidad de Leiden. Conoce a Niels Bohr.

Tropas alemanas en el Ruhr ante las huelgas. Hitler presenta el programa de Partido obrero nacionalsocialista. Guerra ruso-polaca. Rebelión en Marruecos contra el gobierno colonial español.

1921

Se le concede el premio Nobel de Física por su descubrimiento de la ley del efecto fotoeléctrico. Viaja a EE UU para recaudar dinero destinado a la causa del nacionalismo judío. Se inaugura en Berlín el observatorio astrofísico que lleva su nombre: la torre de Einstein.

Fundación del Partido Comunista Chino. Hambre en Rusia. Irlanda independiente.

1922

Conferencia sobre la teoría de la relatividad en Hamburgo.

Se inaugura el Tribunal de La Haya para resolver conflictos entre estados. Asesinato del ministro de asuntos exteriores alemán, Walter Rathenau. Mussolini entra en Roma con los camisas negras.

1923

Viaja por Inglaterra, España, Checoslovaquia, Palestina y Japón.

Primer congreso nacionalsocialista en Múnich. Alemania en quiebra total. Muere Pancho Villa. Lenin presidente de la URSS.

1925

Firma un manifiesto contra el servicio militar, en el que, entre otros, firma Gandhi.

Hitler reorganiza el partido nazi después de fracasar su intento de apoderarse de Berlín del año pasado. Hindenburg presidente. Se publica *Mein Kampf*, de Hitler. Desembarco de las tropas españolas en Alhucemas.

1927

Es ingresado en Davos a causa de su insuficiencia cardiaca. Tiene cuarenta y ocho años. Asiste al congreso Solvay.

En Berlín se inaugura la escuela de arquitectura de la Bauhaus. El ejército de Chang Kai-chek avanza hacia la unificación de China. Lindberg atraviesa el Atlántico en el primer vuelo sin etapas. Se estrena *El cantor de jazz*, primera película sonora.

1929

Einstein cumple cincuenta años.

Muere el creador del primer motor de gasolina, Carl Benz. El Graf Zeppelin da la vuelta al mundo. Se hunde la Bolsa de Wall Street. Empiezan las emisiones diarias de televisión en Inglaterra.

1930

Desde este año dedica los meses de invierno a dar clases en la Universidad de Princeton, EE UU.

Gandhi inicia, en India, su campaña de desobediencia civil. Guerra civil en China.

1933

Los nazis confiscan sus bienes en Alemania y ponen precio a su cabeza. Nombrado profesor del Instituto de Estudios Avanzados de Princeton, se establece en EE UU.

Adolf Hitler es designado canciller del Reich en Alemania. Incendio del Reichstag. Se empiezan a construir los primeros campos de concentración. Roosevelt es presidente de EE UU.

1936

Muere su segunda esposa, Elsa, y su amigo Marcel Grossmann.

Guerra Civil española. Juegos Olímpicos de Berlín. Inaugurada la fábrica de automóviles Volkswagen. Inaugurado el puente de San Francisco. Roosevelt es reelegido.

1939

Carta de Einstein el 2 de agosto alertando a Roosevelt sobre la posibilidad de que los nazis obtengan la bomba atómica, después de que hubiera hecho esta misma advertencia Enrico Fermi.

Acaba la guerra española. Empieza la segunda guerra mundial. Hitler y Stalin se reparten Polonia. La URSS invade Finlandia.

1941

Obtiene la nacionalidad estadounidense.

Alemania invade la Unión Soviética. Fusilamientos en masa de judíos y comunistas. Japón bombardea Pearl Harbor.

1944

Bohr advierte a Churchill sobre los peligros de la bomba atómica, pero éste lo cree un espía de los soviéticos. Empieza el asesinato masivo de judíos en campos de concentración.

1945

Lanzamiento de las bombas atómicas de Hiroshima y Nagasaki.

1952

Einstein rehúsa convertirse en segundo presidente de Israel.

Eisenhower es elegido presidente de EE UU.

1954

Cae gravemente enfermo. Padece de insuficiencia hepática, anemia hemolítica y astenia.

1955

Muere el 18 de abril en Princeton, New Jersey, EE UU.

Se establece el Pacto de Varsovia. La URSS hace estallar una bomba de hidrógeno en Siberia.

QUINTAESENCIA

El lector de...

- *Jorge Luis Borges,*
  Arturo Marcelo Pascual

- *Franz Kafka,*
  Francesc Miralles Contijoch

- *Pablo Neruda,*
  Arturo Marcelo Pascual

- *Friedrich Nietzsche,*
  Teodoro Gómez

- *Ernest Hemingway,*
  Arturo Marcelo Pascual

- *Sigmund Freud,*
  Josep Ramon Casafont

- *Stephen King,*
  Teodoro Gómez

- *Julio Cortázar,*
  Alberto Cousté

- *Hermann Hesse,*
  Katinka Rosés Becker

- *Albert Camus,*
  Florence Estrade

- *John R.R. Tolkien,*
  Teodoro Gómez

- *Italo Calvino,*
  Arturo Marcelo Pascual

- *Octavio Paz,*
  F. Javier Lorente

- *H.P. Lovecraft,*
  Teodoro Gómez

- *James Joyce,*
  Arturo Marcelo Pascual